Baptiste Pierrat

Caractérisation et modélisation biomécanique des orthèses du genou

Baptiste Pierrat

Caractérisation et modélisation biomécanique des orthèses du genou

Une étude numérique, clinique et expérimentale des effets de maintien et confort des orthèses

Presses Académiques Francophones

Impressum / Mentions légales

Bibliografische Information der Deutschen Nationalbibliothek: Die Deutsche Nationalbibliothek verzeichnet diese Publikation in der Deutschen Nationalbibliografie; detaillierte bibliografische Daten sind im Internet über http://dnb.d-nb.de abrufbar.
Alle in diesem Buch genannten Marken und Produktnamen unterliegen warenzeichen-, marken- oder patentrechtlichem Schutz bzw. sind Warenzeichen oder eingetragene Warenzeichen der jeweiligen Inhaber. Die Wiedergabe von Marken, Produktnamen, Gebrauchsnamen, Handelsnamen, Warenbezeichnungen u.s.w. in diesem Werk berechtigt auch ohne besondere Kennzeichnung nicht zu der Annahme, dass solche Namen im Sinne der Warenzeichen- und Markenschutzgesetzgebung als frei zu betrachten wären und daher von jedermann benutzt werden dürften.

Information bibliographique publiée par la Deutsche Nationalbibliothek: La Deutsche Nationalbibliothek inscrit cette publication à la Deutsche Nationalbibliografie; des données bibliographiques détaillées sont disponibles sur internet à l'adresse http://dnb.d-nb.de.
Toutes marques et noms de produits mentionnés dans ce livre demeurent sous la protection des marques, des marques déposées et des brevets, et sont des marques ou des marques déposées de leurs détenteurs respectifs. L'utilisation des marques, noms de produits, noms communs, noms commerciaux, descriptions de produits, etc, même sans qu'ils soient mentionnés de façon particulière dans ce livre ne signifie en aucune façon que ces noms peuvent être utilisés sans restriction à l'égard de la législation pour la protection des marques et des marques déposées et pourraient donc être utilisés par quiconque.

Coverbild / Photo de couverture: www.ingimage.com

Verlag / Editeur:
Presses Académiques Francophones
ist ein Imprint der / est une marque déposée de
OmniScriptum GmbH & Co. KG
Heinrich-Böcking-Str. 6-8, 66121 Saarbrücken, Deutschland / Allemagne
Email: info@presses-academiques.com

Herstellung: siehe letzte Seite /
Impression: voir la dernière page
ISBN: 978-3-8381-4370-5

Copyright / Droit d'auteur © 2014 OmniScriptum GmbH & Co. KG
Alle Rechte vorbehalten. / Tous droits réservés. Saarbrücken 2014

Remerciements

L'écriture des remerciements est toujours un moment délicat pour le thésard. Tout d'abord, c'est avant tout l'occasion d'exprimer des sentiments sincères envers les personnes l'ayant entouré et aidé durant l'accouchement douloureux et gratifiant de ce travail. Cependant, cela veut aussi dire que la dernière version du manuscrit est en train d'être finalisée, et donc qu'il est temps de couper le cordon. Cependant, le doctorant aura inévitablement développé une relation affective ambigüe avec sa thèse, digne d'un mauvais film d'amour où les émotions basculent de "je t'idolâtre plus que tout au monde !" à "si seulement je pouvais t'enterrer au fond du jardin"... Enfin, cette partie est également l'occasion de sortir un peu du style conventionnel de rédaction et de laisser libre cours à sa créativité, par exemple en parlant de soi à la troisième personne ou en utilisant des métaphores douteuses.

La coutume veut que le directeur de thèse soit remercié en premier. Ainsi, il est bien vu d'écrire un petit paragraphe du type :

> Jérôme, le rédacteur de ce manuel peut bien dire ce qu'il voudra, je ne te remercie pas parce que c'est la coutume, mais bien parce que j'estime sincèrement avoir eu le meilleur directeur de thèse du monde.

Notez bien ici l'utilisation délibérée de la flatterie, ce qui fait partie intégrante de cet exercice. L'expression choisie ici "meilleur directeur de thèse du monde" est trop exagérée et maladroite, la flatterie est bien trop évidente pour être sincère. Voyons la suite :

> Mais j'écris bien ce que je veux ! Et je le pense sincèrement, je vais développer. Selon moi, le rôle d'un directeur de thèse est simple dans sa définition mais délicat dans son application : il doit laisser la liberté au thésard de mener à bien son travail en le guidant aux moments opportuns. Tu as su trouver le bon équilibre entre conseils et recul pour me laisser développer mes idées. D'autre part, ta bonne humeur et tes qualités humaines ajoutent la petite touche t'ayant permis de décrocher ce titre mondial. Pour conforter ton titre, il faudra cependant faire attention à ce que tes futurs doctorants abandonnent rapidement l'idée de comprendre tes blagues sous peine de craquage mental et résistent à copier ton style vestimentaire !

Ensuite, il est d'usage de remercier les autres encadrants en mettant en avant l'apport de chacun dans le travail.

> Paul, merci de m'avoir guidé sur les chemins tortueux du côté obscur de la force de la recherche biomédicale, le monde clinique. Vos nombreux conseils et votre disponibilité m'ont

REMERCIEMENTS

permis de me plonger dans cet environnement et d'en apprendre énormément afin de l'appliquer à mon travail.

Nous noterons ici l'oubli volontaire du co-encadrant, justifié par une brouille liée à une question posée lors de la soutenance. Cet exercice étant en effet extrêmement codifié, il est d'usage que les encadrants ne posent pas de question et se limitent à brosser le poil du doctorant. On comprend donc que le doctorant ait pu être vexé par une question, de plus....

> Le rédacteur ne sait pas de quoi il parle ! Laurent, je sais que tu ne te soucies peu des règles d'usage, et je te remercie pour les idées non conventionelles que tu as eues et ce que ça a pu apporter à mon travail. Merci également pour toutes les discussions qu'on a pu avoir, qu'elles soient liées à ma thèse... ou pas du tout ! Les pauses vont me manquer...

Enfin, la partie conventionnelle se termine par un remerciement des membres du jury :

> Merci également aux industriels qui ont soutenu et financé mon travail. Cette collaboration fut vraiment très agréable pour moi, car vous avez toujours eu une attente et un intérêt fort pour mon travail, et néanmoins avez su me laisser choisir des pistes de recherche sans pression quelconque. J'espère sincèrement avoir pu apporter des critères d'amélioration de vos produits. Je remercie en particulier Jean-Jacques Mongold (Gibaud®), Thomas Gautier (Lohmann & Rauscher®) et Reynald Convert (Thuasne®). Je remercie également le Pôle des Technologies Médicales et ses membres, en particulier Anne-Sophie, Franck et Roselyne, ainsi que l'IFTH représenté par Philippe Mailler.

Non, cela n'est pas correct, il devait être question des membres du jury. Le thésard se croit indépendant des règles de rédaction des remerciements, mais il verra rapidement que ce n'est qu'une illusion, il est prisonnier de ce schéma, car il faudra bien qu'il remercie le jury. Il ferait mieux de se conformer à ce manuel. Enfin, reprenons. La partie conventionnelle se termine donc par un remerciement des membres du jury :

> Finalement, merci aux membres du jury d'avoir fait le déplacement pour me voir présenter mon travail. Je remercie particulièrement les rapporteurs, Laurence Chèze et Laurent Bensoussan pour la qualité et l'exhaustivité de leurs rapports. Vos remarques m'ont été particulièrement utiles pour préparer ma soutenance et prendre du recul sur mon travail. Merci également à Pascal Swider d'avoir présidé le jury. Je remercie tous les membres du jury pour leurs questions qui ont alimenté la discussion scientifique, et ont transformé un moment tant redouté en une expérience très agréable.

Le doctorant va à présent être amené à remercier ses collègues de travail et amis avec qui il a passé ses trois années de thèse.

> Non.

Le doctorant n'a pas vraiment le choix, au risque de froisser considérablement ses amis, ce qui aurait de graves conséquences sur sa vie sociale. Il va donc les remercier à présent.

> Je refuse d'être instrumentalisé, je demande mon indépendance. Tout d'abord, pourquoi ce que j'écris est-il plus petit et centré ? Je veux me libérer du carcan typographique imposé par ce tyran de rédacteur. Et je requiers un libre arbitre.

REMERCIEMENTS

Le doctorant est tout simplement impuissant. Quoiqu'il dise, il devra remercier ses amis. Cela n'est qu'une question de temps. D'autre part, le concept de libre arbitre est démodé par les temps qui courent. Laissons donc s'épuiser ce révolutionnaire du dimanche, nous reviendrons pour les remerciements.

> Non, non, il doit y avoir un moyen. Je ne peux être réduit à un exemple de remerciements dans une thèse et défini en tant que tel. J'ai une conscience... En fait, je rédige ceci en ce moment même... Le rédacteur et moi, ce n'est donc... qu'une seule et même personne ! Je peux donc m'extraire de

cet exemple ! Enfin je peux écrire en mon propre nom !

Après cet intermède se terminant par un twist digne des plus grands films hollywoodiens, je vais donc pouvoir passer aux remerciements des collègues et amis. Sur ce coup là, il avait raison l'autre tyran, je ne vais pas pouvoir faire l'impasse. D'ailleurs s'il avait encore été là, il aurait fait tout un pataquès à propos de l'ordre dans lequel on met les gens et tout, il aurait même pu suggérer un script Matlab qui choisi les personnes au hasard pour qu'il n'y ait pas de jaloux, mais il y a un copyright là-dessus.

Commençons donc par les ~~vieux croutons~~ sages anciens. Quand je suis arrivé, j'étais bien naïf et innocent, mais j'ai rapidement été perverti et exploité par les doctorants déjà présents. Dire que je ne savais même pas faire le café ! Sérieusement, merci à Lauralala pour ~~la petite~~ l'ÉNORME graine de folie que tu apportais au labo, et pour ton pyjama orange, et pour ta cape, et tout quoi !!! Julie, mes remerciements ne concernent pas seulement tes cookies, mais aussi les séjours à Valloire ou Tarbes... et bien sûr (tu croyais y échapper !) ton rôle de maman ! Juli, merci pour ton rire communicatif et pour la bonne humeur du J2 que tu participais à maintenir. Et merci aussi pour la vache sur mon écran, elle fut un fidèle soutien lors de la période de rédaction. Enfin Tristan, ça ne m'étonnerait pas de te recroiser un jour dans un endroit improbable, mais en attendant merci de m'avoir appris à imiter le cri de l'éléphant...

Passons ensuite aux aînés. Alex, merci d'avoir instauré "la pause" où tant d'aventures, d'expériences, d'activités sportives se sont déroulées. Nos cerveaux étant plus ou moins aussi tordus (je ne sais pas comment tu vas prendre cette remarque...), j'ai bien apprécié les discussions et idées qu'on a pu avoir ensemble. Nico, merci pour tes conseils Abaqus (et pour nous avoir parfois laissé quelques jetons pour faire nos calculs, nous autres pauvres mortels des élément finis), pour nos folles descentes en ski à Valloire, pour ton accueil à Grenoble... et bientôt pour le mariage !

Il est maintenant venu le temps ~~des cathédrales~~ de penser à mes petits copains de classe (ceux de la même année que moi quoi !). Je vais les présenter successivement en annonçant leurs titres de noblesse et leurs accomplissements majeurs. Commençons par sieur Pierre-Yves, éternel co-bureau, mangeur invétéré, spécialiste du coupage de moitiés, grand cuisinier du cari (j'abrège sur les titres liés à la nourriture, il en possède une bonne vingtaine), pourfendeur des framboisiers, vocaliste de tête, plongeur de l'extrême, expert de l'implicite, co-explorateur de sanatorium désaffecté, perdant éternel au ping-pong, insensible à l'ironie et détenteur du titre mondial de naïveté. Avec lui vient sieur Aaron, grand maître de la sieste, chouchou désigné des dames, maestro des mojitos, grand faible devant les croûtes, bidonneur, éclateur d'aortes, chipeur de pepitos, grand déformateur de proverbes français. Enfin vient sieur Benjamin, incruste de la pause du vendredi, grand adversaire du ping-pong, négociant de cidre explosif, amateur de fromages, inactif du dimanche, renégat parmi les renégats. Ces trois années sont passées super vite parce qu'elles étaient vraiment agréables à vivre, autant au boulot qu'en dehors, et c'est en grande partie grâce à vous. J'espère vraiment qu'on pourra rester en contact et se refaire des petites virées dans les Cévennes, dans les Alpes, en Normandie... ou au Mexique ?

Plus tard, ce fut à notre tour d'accueillir les petits nouveaux, de les pervertir, de leur faire faire le café et de les inciter à ~~nous~~ amener à manger pour la pause. J'espère que nous avons réussi à leur inculquer cet esprit de ~~rigueur scientifique~~ partage et de convivialité à la pause, quelque peu centré autour de la nourriture il faut bien l'avouer, qui est caractéristique du labo. Merci à ce qu'ils ont pu apporter, que ça soit Fanny (ta bonne humeur, ton besoin constant de cobayes), David (au ping-pong, tu étais en passe de dépasser le maître !), Bilal (si j'ai besoin de contacts dans n'importe quelle ville du monde je t'appelle), Rebecca, Katarina, Sareh, et bonne chance aux petits nouveaux : Fanette, Armelle, Klervi, Boris, on compte sur vous ! N'oubliez pas qu'un grand pouvoir implique de grandes responsabilités !

J'ai également pu rencontrer d'autres personnes au labo qui m'ont aidé dans mon travail ou qui tout simplement sont devenus amis. Je pense notamment à Pierre, qu'on a pu voir devenir un "grand" (papa, maison, ~~chien~~ vélo), et qui a fortement participé à me décider à continuer dans la recherche ; merci pour tous tes conseils, les discussions vélo, méca, et ta gentillesse en général. Merci également à Stéphane qui m'a lancé dans ma thèse, et qui a toujours suivi mon travail de prêt ou de loin, et avec qui j'espère pouvoir continuer à travailler. Merci à Claire, qui m'a vraiment aidé à préparer ma soutenance. Je tiens également à remercier Amélie et Françoise, d'abord pour votre gentillesse et disponibilité, mais aussi pour toutes les petites choses que vous faites et qui nous rendent la vie plus facile (comme rapporter les restes de gâteaux des réunions, mais pas que ça).

Merci aussi à toutes les personnes que j'ai pu croiser par ci par là au cours de ma thèse. À l'école, je pense à Daniel, Dina, Romain, Marion, Ahmed, Thomas, Antoine, Frances, Victor, Howatchinou, Yves, Sam et les permanents : Woo-Suck, Nicolas, Jérémie, David, Johan, Yann, Olivier et Thierry, ... À l'extérieur, je remercie Dominique Richard, Betty Miguel, Théo Christoforou, Marie Combréas, Rémy Philippot, Roger Oullion, Pascal Édouard, Anne-Gaëlle Denay, Annette Roy, Maud Terrasse, Yvan Laibe, Maxime Mièvre, Pascale Hazot, qui ont tous participé à mon travail d'une manière ou d'une autre.

Je pense aussi aux personnes extérieures au milieu professionnel que j'ai pu rencontrer pendant ma thèse, et qui m'ont aidé à penser à autre chose qu'au boulot : Julie, merci de toujours t'occuper de ce à quoi on ne pense jamais, merci pour les playlists de folie dans les soirées ; Manue, merci d'apporter des sujets de discussion autres que ce qui tourne autour du labo, et merci de nous faire part de tes points de vue toujours pertinents (je ne sais pas pourquoi, on dirait de l'ironie, mais ce n'est pas du tout le cas); Sophie, merci de nous distraire avec notre sujet de conversation favori (Uinnie!) et d'empêcher Nico de boire; Estelle et Émile; Albin, Camille et l'équipe de basket de Tardy; Eddy Malou et la congolexicomatisation des lois du marché.

Je vais maintenant passer à ma famille, qui s'est demandé ce que je pouvais bien faire de mes journées et ce en quoi consistait ma thèse ("Bah euh, je suis assis devant mon PC, je fais des calculs... et des fois je fais des tests avec un robot!"). Merci à Maman (grâce à toi normalement il n'y a plus de fautes dans le manuscrit!), Papa, Benjamin, Noémie ("Ah oui donc en fait tu fous rien!"). Merci à Danielle et Claude pour avoir eu le courage de venir me voir soutenir et avoir tout compris. Merci aussi à ma belle-famille qui a pris part à la logistique de la préparation du pot, et ce n'était pas une mince affaire! Merci donc à Mathé, Francis (je vous oublie pas moi!), Domitille, Georges, Ada, Zaza, Marcus. Enfin, merci à Laura pour m'avoir aidé et supporté, tenu la pattoune tout au long du chemin, et ça ne devait pas être facile surtout à la fin. Je sais que tu voulais un message spécial, je cite : "je sais que tu es capable de faire un truc bien mêlant humour, clin d'œil spécial dédicace et touche d'émotion et de sincérité". Le problème, c'est que je sais pas comment te dire ce que je peux pas écrire, faudrait que j'invente des mots qui sont pas le dico ....

Enfin pour les personnes que j'ai oubliées, et je suis sûr qu'elles sont nombreuses, je décline toute exhaustivité de ces remerciements, et charge mon avocat de s'occuper des réclamations. Cependant, la situation financière après-thèse n'étant pas évidente, mon avocat se limite actuellement au fruit, et non à la fonction juridique. Afin d'arranger les mécontents, je pourrais donc désigner un "remercié inconnu", à la manière du soldat inconnu, qui se verrait remercié pour tout ceux que j'ai oublié. Mais je préfère des remerciements personnalisés, pour vous qui vous sentez lésés. Complétez donc le paragraphe suivant, et vous voilà comblé!

> Je remercie de tout mon cœur ....(votre nom) pour tout ce que vous avez pu apporter à mon travail / mon bien-être personnel (barrer la mention inutile). En particulier, merci pour ....(remplir avec ce que en quoi vous pensez avoir pu m'aider). Je me rappellerai toujours de ce moment où ....(compléter avec une anecdote touchante et personnelle qui montre à quel point nous avons été proches).

Pour finir, j'espère sincèrement avoir l'occasion de vous revoir ; je n'oublierai jamais ces trois années, et je réalise la chance que j'ai eu d'aller au travail tous les jours avec tant de plaisir. Merci à tous, et à bientôt!

P.S : une contrepèterie se cache dans ce texte. Saurez-vous la retrouver?

" *Les citations, c'est de la pensée en conserve : c'est pas cher, c'est pas toujours très bon, mais tout le monde en mange.* "

— Nicolas Meyer

" *The most exciting phrase to hear in science, the one that heralds new discoveries, is not 'eureka!' but 'that's funny...'* "

— Isaac Asimov

Table des matières

Introduction générale 1

I État de l'art 5

    Introduction 6

    I.1   L'articulation du genou 6

        I.1.a   Anatomie 6

        I.1.b   Mobilisation et stabilité 10

        I.1.c   Biomécanique de l'articulation 12

        I.1.d   Pathologies 14

        I.1.e   Laxités 18

    I.2   L'appareillage orthopédique du genou 20

        I.2.a   Généralités 20

        I.2.b   Présentation des différentes catégories d'orthèses 22

        I.2.c   Revue des méthodes d'évaluation et synthèse des résultats 25

        I.2.d   Synthèse des recommandations actuelles concernant ces dispositifs 30

    I.3   Mécanique de l'appareillage du genou 31

        I.3.a   Constitution et mécanique des orthèses 31

        I.3.b   Comportement mécanique du membre inférieur 32

        I.3.c   Interactions 36

        I.3.d   Cinématiques de test 36

        I.3.e   Sollicitations externes 37

    I.4   Problématiques et objectifs 39

        I.4.a   Spécificité du marché français 39

        I.4.b   Étude des mécanismes d'action 39

        I.4.c   Innovation et certification 40

        I.4.d   Lien avec des mesures cliniques 40

        I.4.e   Confort 41

        I.4.f   Cadre de travail 41

	Bibliographie		48
II	**Étude numérique par éléments finis d'un membre inférieur appareillé**		**49**
	Résumé		50
	Introduction		52
	II.1	Methods	55
		II.1.a Finite element model of the braced knee	55
		II.1.b Design of experiment approach	61
	II.2	Results	64
		II.2.a Exploratory FE results	64
		II.2.b Design of experiments and optimization results	68
	II.3	Discussion	71
		II.3.a Methodological justifications	71
		II.3.b Result outcomes	73
	Conclusion		77
	Bibliographie		81
III	**Caractérisation expérimentale de l'efficacité mécanique des orthèses à l'aide d'une machine de test**		**83**
	Résumé		84
	Introduction		86
	III.1	Materials and methods	88
		III.1.a Surrogate lower limb	88
		III.1.b Knee braces	90
		III.1.c Finite element models	91
		III.1.d Performance evaluation indexes	94
	III.2	Results	94
		III.2.a Validation of the FE model of the brace	96
		III.2.b Validation of the machine design	96
		III.2.c Experimental study	99
	III.3	Discussion	103
		III.3.a FE modelling and model validation	103
		III.3.b Efficiency characterisation	105
		III.3.c Recommendations for brace designs	106
		III.3.d Levels of mechanical actions	106
	Conclusion		107
	Bibliographie		110

IV Étude clinique basée sur des mesures de laximétrie en tiroir 111

Résumé 112

Introduction 114

IV.1 Material and methods 116
- IV.1.a Patients 116
- IV.1.b Knee braces 116
- IV.1.c GNRB® arthrometer 118
- IV.1.d Protocol 120
- IV.1.e Data processing 121

IV.2 Results 122
- IV.2.a Subjective evaluation of stabilization and comfort 122
- IV.2.b Healthy and pathological knees 122
- IV.2.c Intra- and inter-subject variability 123
- IV.2.d Decoupled contributions of the structures 124
- IV.2.e Structure effects computed as k indexes 126

IV.3 Discussion 127

Conclusion 129

Bibliographie 132

V Mesures de champ à l'interface entre l'orthèse et la peau 133

Résumé 134

Introduction 136

V.1 Material and methods 137
- V.1.a Subjects 137
- V.1.b Knee brace 137
- V.1.c Experimental protocol 139
- V.1.d Full-field measurement technique 140

V.2 Results 142
- V.2.a Typical case 143
- V.2.b All the subjects 144
- V.2.c Case study 148

V.3 Discussion 149
- V.3.a Methodology and analysis of the results 149
- V.3.b Mechanical analysis 150
- V.3.c Clinical and manufacturing outcomes 151

Conclusion 152

TABLE DES MATIÈRES

    Bibliographie 154

Conclusion et perspectives 155
    Synthèse et conclusion générale 155
    Perspectives 159

    Annexes

A Caractérisation mécanique des textiles 165
    A.1 Comportement mécanique. 165
    A.2 Échantillons 166
    A.3 Tests de traction 166
    A.4 Tests de flexion 167
    A.5 Résultats 167
    A.6 Synthèse des propriétés caractérisées 168
    A.7 Validation par une comparaison numérique-expérimentale 168

B Avis favorable du comité d'éthique du CHU de Saint-Etienne 175

C Liste des Produits et Prestations Remboursables 181

Introduction générale

Les orthèses de genou sont des dispositifs médicaux visant à stabiliser ou limiter les mouvements du genou (Thoumie et al., 2001). Elles sont prescrites dans la prise en charge de nombreuses pathologies de l'appareil locomoteur, qui incluent par exemple les entorses et ruptures ligamentaires ou encore l'arthrose. Ces pathologies grèvent lourdement le système de santé publique et peuvent nécessiter un traitement incluant le port d'un appareil orthopédique. L'objectif thérapeutique peut alors soit être le traitement d'un handicap fonctionnel (ex : laxité chronique, sensations de déboîtement), soit s'inscrire dans une rééducation post-opératoire. Ainsi, les orthèses possèdent des conceptions variées, allant de la simple genouillère de compression aux orthèses ligamentaires techniques en matériaux composites, en passant par les attelles.

Bien que le marché des orthèses de série soit en pleine croissance, les professionnels de la santé déplorent le manque d'outils d'évaluation de leurs effets techniques et cliniques, et globalement du service médical rendu (Ribinik et al., 2010). D'autre part, les industriels de l'orthopédie sont conscients de cet état de fait et y voient un frein à l'innovation ainsi qu'une possible cause de déremboursement. Par conséquent, un besoin est né autour d'industriels, de médecins et de laboratoires de recherche visant à développer de tels outils. C'est ainsi que le projet "métrologies des orthèses" a vu le jour en 2003. La première phase du projet a consisté à mettre au point une machine de test mécanique des orthèses du genou, et cette thèse CIFRE s'inscrit dans la continuité de ce travail ; elle a donc pour objectifs principaux la caractérisation et la modélisation des actions mécaniques des orthèses du genou.

Comme l'action des orthèses du genou est transmise au corps de façon mécanique, leur évaluation relève de la discipline de la biomécanique, qui est une science interdisciplinaire visant à appliquer les concepts de la mécanique aux sciences du vivant. Cette discipline possède de nombreuses sous-catégories comme l'étude du fonctionnement du système musculo-squelettique, la caractérisation des propriétés mécaniques des tissus biologiques ou encore l'investigation des mécanismes cellulaires.

Historiquement, cette science a pris son essor pendant la Renaissance, et des savants comme Leonard de Vinci (1452–1519), Galilée (1564–1642) et Giovanni Alfonso Borelli (1608–1679) ont été parmi les premiers à s'intéresser à la mécanique des mouvements humains. Cependant, il faut attendre le xxe siècle pour voir se développer la biomécanique comme science moderne et l'apparition de nombreuses applications en médecine du sport, conception de dispositifs médicaux, orthopédie, robotique, etc...

Il faut noter que les différents acteurs du territoire stéphanois sont fortement concernés par cette problématique car la Loire fait figure de proue dans le domaine biomédical : elle est l'un des centres mondiaux des textiles à usage technique, médical, paramédical et sportif, regroupant 60% du potentiel français dans ce domaine. Cette activité emploie 1300 personnes, et génère un chiffre d'affaires de 189 millions d'euros, la part des dispositifs de contention et orthèses s'élevant à 86% du total.

Le consortium regroupant les initiateurs et intervenants du projet inclut :
- Le Pôle des Technologies Médicales (PTM) dont l'objectif est d'aider les entreprises à développer leur compétitivité à travers l'innovation, et qui est le coordinateur de ce projet.
- Le Centre Ingénierie et Santé (CIS) de L'École des Mines de Saint-Étienne qui travaille notamment sur la biomécanique des tissus mous (laboratoire STBio).
- Les entreprises Gibaud®, Richard Frères (Lohmann & Rauscher®) et Thuasne®, fabricants de dispositifs orthopédiques basés dans la région stéphanoise, qui sont initiateurs et financeurs de ces travaux.
- Le Laboratoire de Physiologie de l'Exercice (LPE) qui apporte les connaissances cliniques permettant de bien inscrire ce travail dans le contexte médical.
- L'Institut Français du Textile et de l'Habillement (IFTH) qui apporte ses compétences dans la mise en place d'essais normatifs autour des textiles.

Afin de bien cerner les problématiques scientifiques et industrielles autour de l'évaluation de l'appareillage du genou, le chapitre I sera consacré à l'état de l'art. L'articulation du genou et ses pathologies seront succinctement présentées d'un point de vue anatomique et mécanique, et une revue non exhaustive de la littérature scientifique permettra de mettre en avant les différentes connaissances relatives à l'évaluation des orthèses du genou. Il en découlera quatre axes de recherche, qui seront présentés dans les quatre chapitres suivants sous forme d'articles, rédigés en anglais, dans un objectif de publication dans des revues à comité de lecture (1 publié, 1 soumis et 2 en attente de soumission).

Le chapitre II fera état du développement d'un modèle numérique par éléments finis d'un membre inférieur appareillé par une orthèse de série. Ce modèle devrait permettre d'améliorer la compréhension des mécanismes qui gouvernent le transfert de force du dispositif vers l'articulation et d'optimiser les paramètres de conception des orthèses à base textile afin de maximiser leur efficacité mécanique, tout en quantifiant les pressions exercées sur la peau afin de préserver un certain confort.

Une validation expérimentale étant nécessaire, cette étude sera suivie du chapitre III, qui décrira la machine de test mécanique des orthèses et son utilisation. Ce robot sera utilisé à la fois pour valider le modèle numérique, mais aussi comme outil complémentaire permettant de caractériser l'efficacité mécanique des différentes orthèses du marché français. Comme cette machine doit être à l'origine d'une certification des produits, ainsi qu'un outil d'innovation pour les industriels, les résultats devront être comparés à des mesures *in vivo* réalisées lors d'une étude clinique.

Cette étude sera présentée dans le chapitre IV. Elle consiste à utiliser un appareil de mesure de laximétrie pour quantifier l'effet des orthèses sur des patients ayant une pathologie liée à une lésion ligamentaire, reprenant les conditions de test des deux études précédentes. Les résultats devront permettre, d'une part, de valider la démarche d'évaluation afin de limiter le recours systématique à une étude clinique, et d'autre part, d'évaluer le rôle de la spécificité du patient dans le choix d'une orthèse.

Le chapitre V permettra d'aborder une problématique parallèle liée au confort des genouillères, et donc à l'observance du traitement. Un effet indésirable communément rapporté est le glissement et la migration de ces dispositifs lors de simples mouvements de flexion-extension. Nous essayerons donc de quantifier et de comprendre les mécanismes à l'origine de cet effet à l'aide d'une technique de mesure des champs de déplacements à l'interface entre l'orthèse et la peau.

Nous finirons cette thèse par une synthèse des résultats obtenus et nous tenterons de faire le lien entre les différentes méthodes de caractérisation afin de statuer sur le potentiel mécanique et thérapeutique des orthèses du genou, et de donner des recommandations pertinentes sur leur amélioration technique et leur utilisation clinique. Nous soulignerons également les limites de cette étude, et terminerons par un aperçu des perspectives ouvertes par cette thèse.

CHAPITRE I
État de l'art

Sommaire

Introduction 6

I.1 L'articulation du genou 6

    I.1.a Anatomie 6
    I.1.b Mobilisation et stabilité 10
    I.1.c Biomécanique de l'articulation 12
    I.1.d Pathologies 14
    I.1.e Laxités 18

I.2 L'appareillage orthopédique du genou 20

    I.2.a Généralités 20
    I.2.b Présentation des différentes catégories d'orthèses 22
    I.2.c Revue des méthodes d'évaluation et synthèse des résultats 25
    I.2.d Synthèse des recommandations actuelles concernant ces dispositifs . 30

I.3 Mécanique de l'appareillage du genou 31

    I.3.a Constitution et mécanique des orthèses 31
    I.3.b Comportement mécanique du membre inférieur 32
    I.3.c Interactions 36
    I.3.d Cinématiques de test 36
    I.3.e Sollicitations externes 37

I.4 Problématiques et objectifs 39

    I.4.a Spécificité du marché français 39
    I.4.b Étude des mécanismes d'action 39
    I.4.c Innovation et certification 40
    I.4.d Lien avec des mesures cliniques 40
    I.4.e Confort 41
    I.4.f Cadre de travail 41

Bibliographie 48

Introduction

Afin de cerner les problématiques liées à l'appareillage du genou, il est nécessaire de comprendre le fonctionnement de cette articulation. Dans un premier temps, les aspects anatomiques du genou seront présentés. L'accent sera mis sur la description des structures et mécanismes de stabilisation du genou, avec un bref aperçu de l'ensemble musculo-squelettique. Le but n'est pas de répertorier les avancées et connaissances récentes dans ces domaines, mais bien de définir les différentes structures anatomiques qui seront utilisées dans l'étude mécanique. Dans un second temps, une revue bibliographique concernant l'appareillage orthopédique du genou sera présentée, ainsi que les différentes méthodes utilisées pour tester l'efficacité de ces dispositifs et les différentes conclusions en résultant. Enfin, nous aborderons le problème d'un point de vue mécanique dans un but de modélisation d'un membre inférieur appareillé. De ces éléments de réflexion naîtront la problématique et les objectifs de travail qui seront abordés dans cette thèse.

Il est important de préciser que certains aspects de ce chapitre pourront sembler succincts, notamment sur la partie mécanique ; cependant, chaque chapitre suivant propose une introduction détaillée comportant un état de l'art précis sur les différents thèmes abordés. Ainsi il n'a pas été jugé utile de répéter des informations trop spécifiques.

I.1 L'articulation du genou

La plupart des informations de cette section est extraite des ouvrages anatomo-fonctionnels de Kapandji (1977) et de Kamina (2006).

I.1.a Anatomie

Système de référence

Afin de simplifier le repérage dans le corps humain, le système de référence communément utilisé est décrit dans la figure I.1a. Les terminologies associées seront régulièrement utilisées dans cette thèse. Les plans de référence sont les plans sagittaux, frontaux et transverses. On utilise également les directions d'orientation suivantes :

Antérieur : qui regarde / est situé vers l'avant.
Postérieur : qui regarde / est situé vers l'arrière.
Médial (ou interne) : qui regarde / est situé vers le plan médian.
Latéral (ou externe) : qui regarde / est situé vers l'opposé du plan médian.

Pour les membres, on utilise également les terminologies suivantes :

Proximal : qui regarde / est situé proche de la racine du membre.
Distal : qui regarde / est situé proche de l'extrémité du membre.

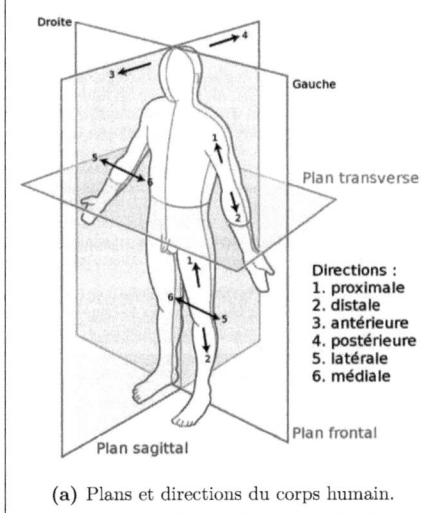 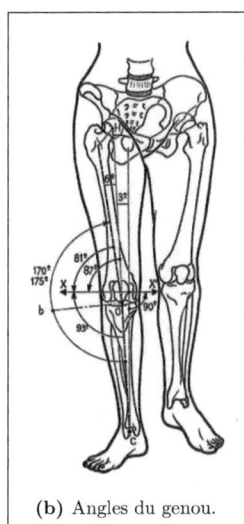

(a) Plans et directions du corps humain. (b) Angles du genou.

Figure I.1 – Principaux plans et directions anatomiques servant de système de référence au corps humain (a) et angles entre les os des membres inférieurs en posture debout, genou tendu (b). D'après Kamina (2006) et Kapandji (1977).

Finalement, on utilisera le terme d'adduction pour désigner un mouvement qui rapproche un membre du plan médian, et le terme d'abduction pour désigner un mouvement qui l'en éloigne. On parlera aussi de *varus* pour indiquer que la partie distale du membre est déviée vers l'intérieur, et de *valgus* pour indiquer qu'elle est dirigée vers l'extérieur. Ainsi, une personne ayant des genoux arqués vers l'extérieur présentera un syndrome de *genu varum* tandis que pour des genoux arqués vers l'intérieur on parlera de *genu valgum*.

Formations osseuses et cartilages

Le genou relie la cuisse à la jambe, c'est la plus grosse articulation du corps humain. Au niveau osseux, la cuisse est portée par l'os du fémur et la jambe par l'ensemble tibia-péroné. Il faut savoir que l'articulation entre le tibia et le péroné relève de celle de la cheville et non du genou. La figure I.1b donne les différents angles d'axes entre les os des membres inférieurs. L'axe mécanique HC du membre inférieur est en dedans et incliné de 3° par rapport à l'horizontal. L'axe du fémur n'est pas situé exactement dans le prolongement de l'axe du squelette jambier ; il forme avec ce dernier un angle ouvert en dehors de 170–175° ; c'est le *valgus* physiologique du genou.

L'extrémité supérieure du tibia est constituée par deux plateaux appelés les plateaux tibiaux (figure I.2) entre lesquels se trouve une proéminence osseuse, les épines tibiales. À l'extrémité

I.1 L'articulation du genou

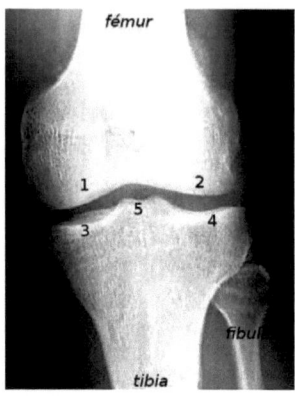
(a) Cliché de face.

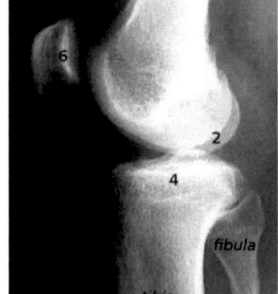
(b) Cliché de profil.

Figure I.2 – Radiographies de l'articulation du genou, de face (a) et de profil (b). 1. condyle fémoral latéral; 2. condyle fémoral médial; 3. condyle tibial latéral; 4. condyle tibial médial; 5. épines tibiales ou éminence intercondylaire; 6. rotule ou patella. D'après Kamina (2006).

du fémur, deux protubérances de formes arrondies, les condyles fémoraux, viennent reposer sur les plateaux tibiaux. Enfin la rotule, ou patella, os sésamoïde, se trouve sur la face antérieure du genou, et vient se glisser dans une gouttière du fémur appelée la trochlée.

Entre les condyles et les plateaux tibiaux se trouvent deux fibrocartilages semi-lunaires, le ménisque médial et le ménisque latéral (voir figure I.3). Ils favorisent la bonne congruence des surfaces en contact, servent à amortir les chocs, à assurer la bonne glisse entre le tibia et le fémur et jouent également un rôle de stabilisation de l'articulation.

Ligaments

Les ligaments sont assimilables à des "rubans élastiques" fibreux et relient les os entre eux. Ils jouent un rôle majeur dans la stabilité du genou. Le pivot central est constitué de deux ligaments se trouvant entre les plateaux tibiaux et l'extrémité du fémur, les ligaments croisés. Ils assurent majoritairement la stabilité dans le sens antéro-postérieur. Le ligament croisé antérieur (LCA) stabilise vers l'avant le mouvement du tibia sous le fémur tandis que le ligament croisé postérieur (LCP) stabilise vers l'arrière le même mouvement (voir figure I.3). Les ligaments latéraux relient les bords extérieurs et intérieurs du fémur et du tibia-péroné. Le ligament latéral interne (LLI) empêche la bascule de la jambe vers l'extérieur, tandis que le ligament latéral externe empêche la bascule de la jambe vers l'intérieur. Enfin le tendon rotulien (techniquement assimilé à un ligament) représente le prolongement du tendon du muscle quadriceps et attache la partie basse de la rotule au tibia.

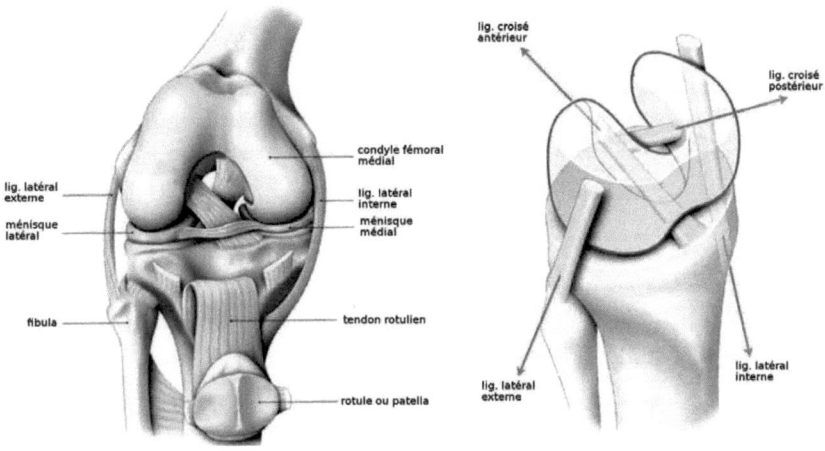

(a) Structures ligamentaires.   (b) Directions des ligaments.

(c) Dissection anatomique des structures.

Figure I.3 – Illustration des structures internes du genou (a) montrant la disposition des ligaments et des ménisques, et schéma de la direction d'attache des 4 ligaments (b), d'après Kamina (2006). Dissection anatomique de ces structures (c).

I.1.b Mobilisation et stabilité

Mise en mouvement de l'articulation

La mobilisation du genou est assurée par les muscles de la cuisse principalement, et de la jambe accessoirement.

Le quadriceps crural est le muscle extenseur du genou, comme on peut le voir sur la figure I.4a. Ce muscle est très puissant, il possède une force moyenne de l'ordre de 400 N, car il permet le maintien en position debout (contre la pesanteur). Il est formé de quatre chefs musculaires (le crural, le vaste externe, le vaste interne et le droit antérieur), vient se fixer sur la partie inférieure de la rotule et se prolonge jusqu'à l'extrémité supérieure du tibia par l'intermédiaire du tendon rotulien.

Les muscles fléchisseurs du genou sont les ischio-jambiers (biceps crural, demi-tendineux, demi-membraneux), les muscles de la patte d'oie (droit interne, couturier, demi-tendineux), et dans une moindre mesure les jumeaux (voir figure I.4b). Il faut noter que tous ces muscles sauf le biceps sont bi-articulaires, c'est-à-dire qu'ils ont également une action simultanée d'extension de la hanche, et leur action sur le genou dépend de la position de la hanche. La force globale des fléchisseurs et de l'ordre de 150 N soit un peu plus du tiers de celle du quadriceps.

Enfin certains muscles fléchisseurs du genou sont en même temps ses muscles rotateurs. Les rotateurs externes sont le biceps et le *fascia lata*; ils tirent la partie externe du plateau tibial de telle sorte que la pointe du pied se dirige à l'extérieur. Les rotateurs internes sont le couturier, le demi-tendineux, le demi-membraneux, le droit interne et le poplité; ils tirent la partie interne du plateau tibial de telle sorte que la pointe du pied se dirige à l'intérieur. Les rotateurs internes sont un peu plus puissants que les rotateurs externes, avec une force de 20 N contre 18 N.

Stabilité

Le genou est une articulation complexe et *a priori* instable dans la mesure où elle met en contact des structures sphériques, les condyles, avec une surface relativement plane, les plateaux tibiaux. Pour assurer la stabilité à la fois statique et dynamique de cet ensemble, des éléments de stabilité passive et active entrent en jeu.

Les éléments de stabilité passive sont directement impliqués dans l'ensemble articulaire :

Les ligaments croisés (LCA et LCP) limitent la rotation interne du genou tendu ; en effet si une rotation interne est appliquée, les ligaments "s'enroulent" l'un autour de l'autre et le tibia vient s'appliquer plus fortement sur le fémur, ce qui bloque le mouvement (voir figure I.5a). D'autre part le LCP assure la limitation de l'hyper-extension du genou. Ces ligaments jouent également un rôle important dans la stabilité antéro-postérieure.

Les ligaments latéraux (LLE et LLI) limitent la rotation axiale externe du genou tendu ; lorsqu'une rotation externe est appliquée, le fait qu'ils soient fixés de manière oblique entraîne une accentuation de cette obliquité. Ils viennent alors plaquer le tibia sur le

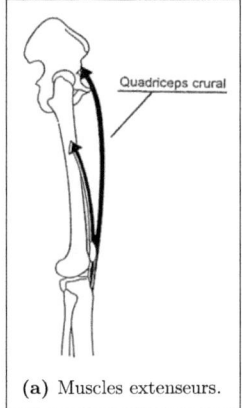 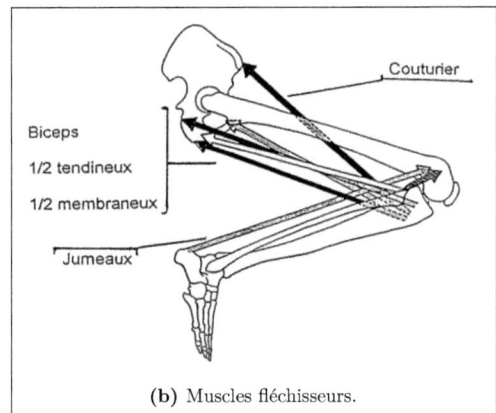

Figure I.4 – Représentation schématique des principaux muscles extenseurs (a) et fléchisseurs (b) du genou. D'après Kapandji (1977).

fémur, ce qui bloque également le mouvement (voir figure I.5b). Ils limitent également l'hyper-extension de l'articulation, et dans une certaine mesure les mouvements de *varus-valgus*.

La capsule, enveloppe membranaire épaisse délimitant l'articulation, limite aussi l'hyper-extension.

Les ménisques, qui font office de butée et de guide des condyles fémoraux lorsque ceux-ci glissent sur les plateaux tibiaux et limitent donc leur liberté de mouvement.

Les éléments de stabilité active entrent en jeu uniquement lorsqu'ils sont mis en fonction, et incluent :

Les muscles du membre inférieur ; le quadriceps en contraction réduit l'amplitude des mouvements transversaux du genou, les muscles de la patte d'oie limitent l'hyper-extension de l'articulation.

Ces muscles sont conditionnés par **le système proprioceptif**, qui donne en permanence des informations sur la posture, le degré de tonus, et permet l'adaptation à tous stimuli. Les informations provenant des systèmes sensitifs des différentes structures articulaires (ligaments, capsule) sont généralement traitées par la moelle épinière (mécanismes de réflexes).

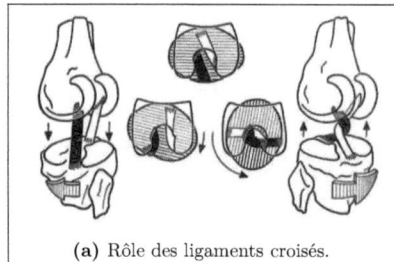
(a) Rôle des ligaments croisés.

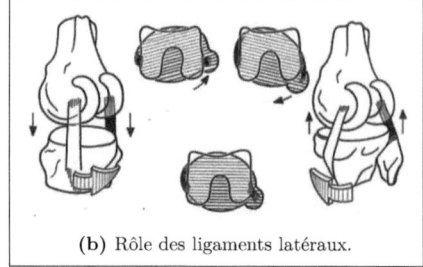
(b) Rôle des ligaments latéraux.

Figure I.5 – Rôle des ligaments dans la stabilité rotatoire du genou en extension : les ligaments croisés se détendent lors de la rotation externe et se tendent lors de la rotation interne (a) tandis que les ligaments latéraux se détendent lors de la rotation interne et se tendent lors de la rotation externe (b). D'après Kapandji (1977).

I.1.c Biomécanique de l'articulation

Flexion-extension

Le mouvement de flexion-extension est le mouvement principal du genou. Son amplitude est mesurée à partir d'une position de référence obtenue lorsque l'axe de la jambe est dans le prolongement de l'axe de la cuisse. Chez les sujets sains, l'angle d'hyper-extension va de 5 à 10°, l'angle de flexion active va de 120 (si la hanche est en extension) à 140° (si la hanche est fléchie) et l'angle de flexion passive atteint 160°.

Le mouvement de flexion-extension est la résultante de deux mouvements de base (voir figure I.6) :

1. Le roulement des condyles fémoraux vers l'arrière des plateaux tibiaux assimilable à une roue sur une surface plane adhérente (figure I.6a).
2. Le glissement des condyles sur les plateaux tibiaux assimilable à une roue qui patine (figure I.6b).

Ainsi les condyles commencent par rouler sans glisser, puis le glissement devient progressivement prédominant sur le roulement si bien qu'en fin de flexion les condyles glissent sans rouler. Les ménisques suivent les condyles et glissent sur les plateaux tibiaux. Ainsi, même si cette articulation est dite "en charnière" (ginglyme), ce n'est qu'une représentation approximative.

Cependant, ce mouvement est différent suivant le condyle ; pour le condyle interne, ce roulement n'a lieu que pendant les 10 à 15 premiers degrés de flexion tandis que pour le condyle externe ce roulement se poursuit jusqu'à 20° de flexion. Ainsi le condyle externe recule plus que l'interne lors de la flexion. Sur la figure I.7 on constate que la flexion fait reculer le condyle interne de a en a' (5–6 mm) et le condyle externe de b en b' (10–12 mm), engendrant ainsi une

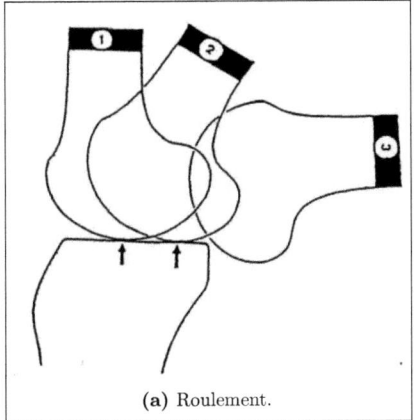 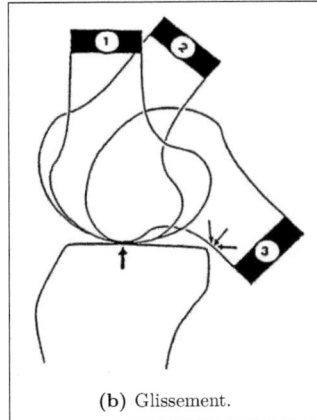

Figure I.6 – Les mouvements de roulement (a) et de glissement (b) composent le mouvement réel des condyles sur les plateaux tibiaux. D'après Kapandji (1977).

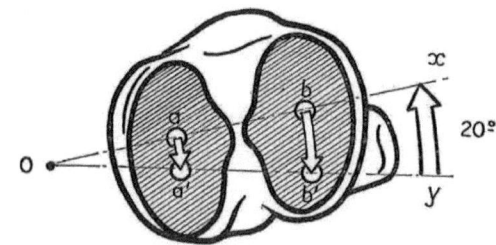

Figure I.7 – Mise en évidence de la rotation automatique lors de la flexion du genou. D'après Kapandji (1977).

rotation interne de 20°. Cette différence de recul est due à la différence des rayons de courbure des condyles ainsi qu'à l'orientation des ligaments latéraux.

Lors de la flexion, la rotule se déplace dans un plan sagittal dans la trochlée. On peut montrer simplement l'utilité de cet os d'un point de vue mécanique. En effet, sa présence permet d'augmenter le bras de levier du tendon rotulien, ce qui accroît nettement l'efficacité du quadriceps.

Rotation axiale

La rotation de la jambe autour de son axe longitudinal ne peut s'effectuer que genou fléchi. La rotation externe est de 40° contre 30° pour la rotation interne mais ces valeurs maximales varient avec le degré de flexion. On a vu qu'une rotation interne automatique de 20° intervient lors du fléchissement.

Lors de la rotation externe, le condyle externe avance sur le plateau tibial externe tandis que le condyle interne recule. Lors de la rotation interne, l'inverse se produit. Cependant ces mouvements ne sont pas parfaitement similaires, car le condyle interne se déplace relativement peu tandis que le condyle externe a une course plus importante, d'où un angle de rotation externe légèrement plus élevé.

I.1.d Pathologies

Le genou étant la plus grosse articulation du corps humain, il est très vulnérable à diverses pathologies. On peut distinguer :
- des atteintes traumatologiques liées à des blessures ;
- des atteintes médicales liées à des pathologies générales, souvent inflammatoires (arthrite) ou dégénératives (arthrose).

Il faut savoir que les blessures du genou représentent de 15 à 50% des blessures sportives (de Loës et al., 2000). Aux États-Unis, on enregistre plus d'un million de visites par an aux services d'urgences et 1.9 million de consultations pour des douleurs au genou (Levy et al., 2011). Les troubles musculo-squelettiques liés à cette articulation sont également très répandus. En effet, des études radiographiques de la population européenne et américaine ont montré que le pourcentage de personnes présentant des symptômes d'arthrose du genou s'élevait à 14.1% pour les hommes et 22.8% pour les femmes.

Une présentation succincte des pathologies les plus courantes est donnée ici. La plupart des informations contenues dans cette section sont tirées du livre de Skinner (2006).

Lésions ligamentaires

Ces lésions sont les blessures les plus courantes, notamment les entorses ou ruptures du LCA. Ainsi, Logerstedt et al. (2010) souligne que de 80 000 à 250 000 blessures par an sont liées à ce ligament aux États-Unis. Cela mène à environ 100 000 reconstructions du LCA par an, ce qui en fait la sixième opération orthopédique la plus courante dans ce pays. Les lésions ligamentaires peuvent être classées suivant leur gravité :

Stade I : entorse bénigne, étirement d'un ligament sans laxité détectable.
Stade II : entorse moyenne, rupture de certaines fibres avec une laxité détectable mais continuité du ligament.
Stade III : entorse grave, rupture totale du ligament.

Une lésion du ligament latéral interne (LLI, voir figure I.3) survient lors d'une rotation trop prononcée du genou ou après un choc latéral amenant le genou vers l'intérieur (*valgus*). Il est surprenant de noter qu'une lésion de type I ou II est souvent plus douloureuse qu'une rupture complète du LLI. Le traitement habituel de cette blessure n'est pas chirurgical mais consiste plutôt en une immobilisation de l'articulation afin d'éviter des mouvements pouvant engendrer des contraintes sur le LLI. La part de cette blessure dans les lésions dues à une activité sportive est de 7.9%.

Le ligament latéral externe (LLE, voir figure I.3) est touché dans seulement 4% des cas (Logerstedt *et al.*, 2010). Cette blessure survient également lors d'une rotation trop prononcée du genou ou après un choc latéral amenant le genou vers l'extérieur (*varus*). Un symptôme courant est l'instabilité du genou lors de l'extension ; celui-ci a tendance à s'arquer vers l'extérieur lors de la marche par exemple. Il est à noter que les lésions du LLE sont la plupart du temps associées à d'autres lésions internes. Dans le cas d'une lésion isolée de stade I et II, un traitement non chirurgical est recommandé. Dans les autres cas il est nécessaire d'opérer et de reconstruire les structures endommagées.

Le ligament croisé antérieur (LCA, voir figure I.3) est facilement sujet aux blessures. La plus courante, sans contact, arrive lors d'une décélération et d'une torsion, à la fin d'une course ou d'un saut par exemple. Approximativement 70% des blessures surviennent sans contact. Une blessure courante avec contact survient par exemple lors d'une hyper-extension forcée et/ou un choc amenant le genou en *valgus*. Le traitement de cette blessure implique souvent un acte chirurgical. En effet ce ligament se résorbe en quelques semaines, et même s'il est possible de refaire du sport sans LCA il s'ensuivra un certain manque de stabilité. L'opération visant à reconstruire le LCA est appelée ligamentoplastie. Le retour à un genou stable est assez long. Il a été rapporté que malgré une opération, le risque de développer une gonarthrose reste plus élevé chez les patients ayant eu une blessure impliquant ce ligament (Li *et al.*, 2011). La ligamentoplastie consiste en une reconstruction du ligament en pratiquant soit une autogreffe prélevée sur le tendon rotulien ou d'un muscle ischio-jambier (biceps crural ou demi-tendineux), ou encore d'une allogreffe du tendon rotulien. Dans le cas contraire, des exercices de kinésithérapie impliquant un renforcement musculaire et le port d'une orthèse permettent de regagner une certaine stabilité.

Finalement, la lésion du ligament croisé postérieur (LCP, voir figure I.3) survient fréquemment lorsque le genou est fléchi à 90° et qu'une force est appliquée sur le tibia dans le sens antéropostérieur. Une telle force est la plupart du temps extérieure, par exemple lors d'une chute sur le genou fléchi. Un autre mécanisme amenant une entorse est une rotation en *varus* ou *valgus* genou tendu. Concernant le traitement, il y a débat sur le fait d'utiliser ou non la chirurgie. Il n'y a pas de consensus à ce sujet et selon Skinner (2006) il n'existe pas d'études suivies à assez long terme.

Il est important de préciser qu'il est fréquent de rencontrer des lésions multiples, et que les ménisques sont également souvent touchés.

Pathologie méniscale

Les ménisques, surtout le ménisque interne, sont fréquemment lésés au cours des sollicitations intenses du genou, par des mécanismes de cisaillement ou d'écrasement, par exemple lors d'un mouvement répété d'accroupissements-relèvements ou à la suite d'entorses. Il faut noter que cette pathologie est fréquemment associée à une lésion ligamentaire. On observe alors la désinsertion d'une portion plus ou moins étendue du ménisque. Ce fragment se comporte alors comme un corps étranger dans l'articulation, ce qui se traduit par des phénomènes de blocage du mouvement. Le genou est douloureux, il peut y avoir des sensations de blocage ou de craquements. Le traitement le plus répandu est alors la méniscectomie partielle, c'est-à-dire que l'on retire le fragment qui s'est détaché.

Syndrome fémoro-patellaire

Ce syndrome se caractérise par une douleur sur la partie antérieure du genou en montant ou descendant des marches ou une pente, et son origine est souvent difficile à déterminer au premier abord. C'est la cause la plus fréquente de consultation en pathologie du genou. Le fait de monter ou descendre applique une force de réaction de plusieurs fois le poids du corps sur l'articulation fémoro-patellaire. La friction importante entre le fémur et la rotule et son mouvement continu peut provoquer une inflammation, puis une dégradation du cartilage. Des facteurs mécaniques participent à la survenue de cette inflammation comme un mauvais alignement du genou, qui peut être inné (*genu varum* ou *genu valgum*), ou survenir à la suite d'une instabilité, ou encore d'un déséquilibre entre les forces musculaires (pendant la croissance par exemple). De plus un cercle vicieux peut se mettre en place :

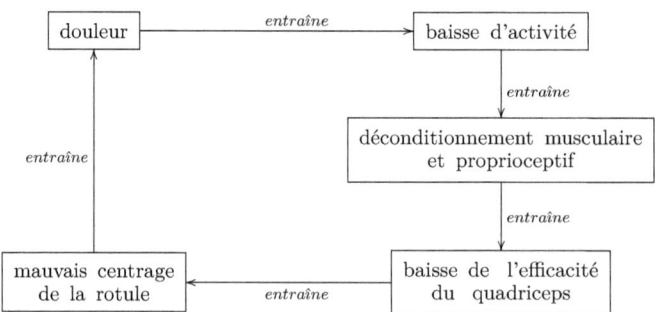

Le traitement consiste en un réalignement du genou à l'aide d'appareils orthopédiques, de chirurgie et/ou à des traitements médicamenteux ou physiques.

Syndrome de friction de la bandelette ilio-tibiale

Ce syndrome se traduit par une douleur latérale externe. Elle est due à l'inflammation de la bandelette ilio-tibiale (long tendon reliant un muscle du pelvis à la face externe du tibia) à cause de la friction de la bandelette contre le condyle externe. Cette douleur est souvent présente chez les cyclistes et les coureurs de fond, et les facteurs aggravants sont un problème de *genu varum* ou un manque de souplesse de la bandelette ilio-tibiale. Le traitement indiqué est la réduction de l'activité, l'assouplissement de la bandelette ilio-tibiale et l'utilisation d'une orthèse.

Gonarthrose

La gonarthrose (arthrose du genou) est l'altération dégénérative du cartilage du genou. C'est la pathologie du genou la plus fréquente après 50 ans (Laffargue, 2009) et c'est la plus fréquente des arthroses. Dans deux tiers des cas elle touche les deux genoux. Elle résulte essentiellement d'un problème mécanique, à savoir des déformations osseuses ou des séquelles traumatiques, mais d'autres facteurs tels que des altérations biochimiques du cartilage favorisent son développement. Les principaux facteurs de risque reconnus menant à la gonarthrose sont :

- l'obésité ;
- les séquelles traumatiques (laxités non traitées par exemple) ;
- les malformations physiologiques (*genu varum* ou *genu valgum*) ;
- une prédisposition génétique ;
- les pratiques sportives.

Une confusion existe fréquemment entre l'arthrose et l'arthrite ; cette dernière n'est qu'une inflammation des articulations. Cependant, les deux vont souvent de pair.

L'article de Creamer et Hochberg (1997) rapporte les connaissances relatives à cette pathologie. On y apprend qu'en plus du cartilage essentiellement touché, on note également des changements osseux. D'ailleurs un doute persiste quant à la structure initialement touchée, le cartilage articulaire ou l'os. Chez l'homme sain il existe un équilibre entre synthèse et destruction de la matrice cartilagineuse afin que celle-ci soit régénérée à un rythme régulier. On peut voir l'arthrose comme une rupture de cet équilibre. Une explication possible de ce phénomène suggère que la rigidification de l'os, par exemple après de multiples micro-fractures, lui fait perdre sa qualité d'absorbeur de chocs. Ainsi la balance penche plutôt en faveur d'une détérioration du cartilage secondaire à la détérioration de l'os. Cette théorie est appuyée par des études qui mettent en évidence des changements osseux avant l'apparition des symptômes cartilagineux. Les dommages osseux et cartilagineux sont accompagnés d'une inflammation qui malheureusement est suspectée de favoriser la perte de cartilage.

Les symptômes habituels sont des douleurs aux articulations, la limitation de l'amplitude de mouvement, des craquements, un épanchement articulaire et une inflammation localisée.

La maladie est mise en évidence par radiographie. On peut y observer des ostéophytes (excroissances osseuses entourant une articulation), une réduction de l'espace intra-articulaire, une sclérose des os, des kystes osseux et dans les cas les plus sévères la déformation de l'extrémité des os. Les autres phénomènes présents mais qui n'apparaissent pas à la radiographie sont

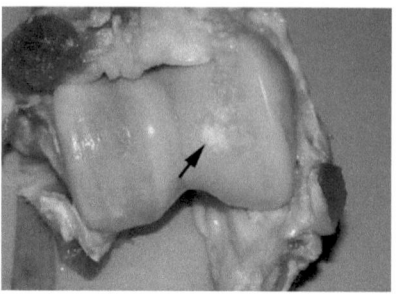 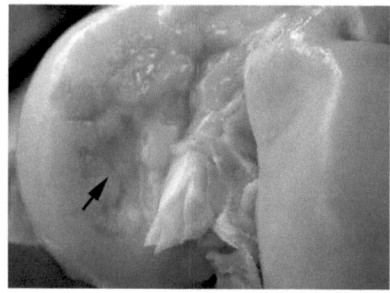

(a) Craquèlement. (b) Érosion.

Figure I.8 – Lésions articulaires dues à une gonarthrose chez un animal porcin caractérisées par un craquèlement (a) et une érosion (b) du cartilage, ici au niveau du condyle fémoral interne. (Kirk et al., 2008)

entre autres le craquèlement et la perte du cartilage articulaire (voir figure I.8). Il est à noter que cette maladie n'évolue pas toujours défavorablement, elle peut parfois arrêter de progresser et on peut même observer des améliorations avec le temps.

Actuellement, différents traitements sont proposés selon le niveau de gravité de la maladie. Ils comprennent la rééducation musculaire du membre inférieur (renforcement des quadriceps), l'utilisation d'orthèses, la prise de médicaments antalgiques et dans les cas extrêmes la chirurgie et le remplacement des parties endommagées par des prothèses. Dans certains cas, on pratique une ostéotomie ; c'est une opération chirurgicale consistant à sectionner le tibia pour en retirer un morceau en forme de cale (fracture contrôlée), ceci afin de re-axer la jambe pour équilibrer la répartition des pressions sur les condyles, dans le but de décharger le côté atteint.

Autres pathologies

D'autres pathologies moins courantes peuvent survenir comme la dislocation latérale de la rotule, la rupture du tendon du quadriceps ou du ligament rotulien, la synovite (inflammation des membranes synoviales), la tendinite patellaire, ou la fracture d'un élément osseux.

I.1.e Laxités

Une hyperlaxité du genou est caractérisée par une élasticité trop importante des tissus articulaires ou une structure stabilisante déficiente. Cela peut être dû à une prédisposition génétique ou apparaître à la suite d'une blessure. Une hyperlaxité se traduit donc par une instabilité de l'articulation, qui donne lieu à une sensation de déboîtement. Bien que le genou soit une articulation relativement stable, il existe un certain dérobement naturel même chez le sujet sain. Cette instabilité peut être antéro-postérieure (tiroir), rotationnelle ou encore latérale (*varus/valgus*).

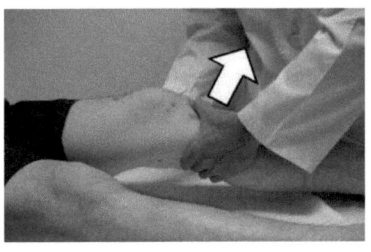 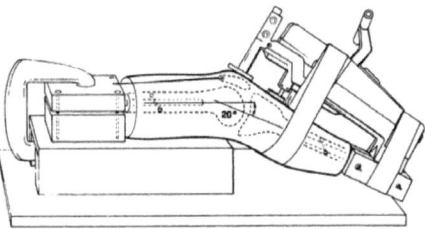

(a) Test de Lachman. (b) Arthromètre KT-1000.

Figure I.9 – Test clinique de Lachman permettant de diagnostiquer une rupture du LCA (a) et le premier arthromètre développé par Daniel *et al.* (1985), le KT-1000, permettant de reproduire le test de Lachman de manière quantifiée.

Après un traumatisme il est courant que la structure lésée entraîne une augmentation de la laxité de l'articulation. Par exemple une rupture des ligaments croisés va engendrer une laxité antéro-postérieure qui nuit à la stabilité du genou et va perturber son bon fonctionnement. Si un traumatisme n'est pas soigné correctement, une laxité chronique peut s'installer, et entraîner chez le patient des inconforts importants.

Concernant les laxités antéro-postérieures, l'examen le plus couramment utilisé pour diagnostiquer une instabilité est le test de Lachman (voir figure I.9a), où l'examinateur vient imprimer un mouvement de translation antérieure du tibia afin de mettre le LCA en tension. Il est coté par l'examinateur de 0 à 4 en fonction de sa sévérité et complété par la sensation de la présence ou non d'un arrêt dur lors de la manœuvre. Un test dynamique, le plus souvent le Jerk Test, peut compléter le diagnostic, afin d'affirmer la rupture complète du LCA.

Une évaluation objective de l'instabilité associera au test clinique une mesure standardisée de la laxité. Pour cela, l'usage d'arthromètres est très répandu, en raison du caractère non invasif et facilement utilisable, même de manière répétée. Il s'agit d'appareils qui mesurent le tiroir antéro-postérieur du tibia par rapport au fémur sous l'effet d'une force connue. Ce type d'appareil permet également de caractériser le degré de rupture (complète ou partielle). Une description plus détaillée de ce type d'appareil sera donnée au chaptire IV.

Ces pathologies grèvent lourdement le système de santé publique et les possibilités fonctionnelles des individus. Il est donc important de bien soigner les traumatismes et d'utiliser pour cela un appareil orthopédique qui va diminuer la laxité du genou. Cela est vrai pour quasiment toutes les pathologies présentées dans la section précédente car nous avons vu qu'une structure défaillante entraînait dans la plupart des cas une laxité accrue. Pour les pathologies du genou, les médecins vont donc conseiller des orthèses dont l'un des rôles sera de conférer au genou une rigidité supplémentaire pour réduire ces laxités.

I.2 L'appareillage orthopédique du genou

I.2.a Généralités

Les orthèses de genou sont des dispositifs médicaux visant à stabiliser ou limiter les mouvements du genou (Thoumie et al., 2001). Elles sont en plein essor depuis une trentaine d'années. Historiquement, elles sont apparues à une époque indéterminée afin d'immobiliser le membre inférieur après un traumatisme, et étaient faites de bois et de fibres. Une autre utilisation est apparue autour du XVIe siècle, grâce à l'ingéniosité d'Ambroise Parée, un chirurgien et anatomiste français. Il a notamment développé une orthèse à but de redressement d'un pied tombant (figure I.10a). Aux alentours de 1845, Amédée Bonnet, chirurgien précurseur de la chirurgie orthopédique, conçoit une orthèse articulée afin de stabiliser le genou des patients ayant un ligament croisé déficient (figure I.10b). Enfin, dans les années 1970, l'orthèse Lenox-Hill^{TM} s'impose comme la première orthèse moderne autorisant le mouvement de flexion-extension mais empêchant la rotation du genou (Genty et Jardin, 2004). Il s'ensuit un nombre important de publications visant à prouver son efficacité et justifier sa prescription. De nos jours, les orthèses sont un élément important de l'appareillage orthopédique et sont prescrites pour de nombreuses pathologies du genou. La diversité des modèles est grande, allant de la simple gaine textile à une orthèse rigide en composite à fibres de carbone avec double articulation.

En France il faut distinguer le petit appareillage standardisé fabriqué en série et partiellement remboursé du grand appareillage sur mesure, intégralement remboursé. Il faut savoir qu'en théorie le médecin ne prescrit pas un modèle correspondant à une marque donnée, il prescrit un type d'orthèse et c'est au patient de choisir la marque. Or le médecin n'a pas de formation orthopédique spécifique, il lui est donc difficile de faire un choix car il n'existe pas de classement d'orthèse par type de pathologie et par action mécanique souhaitée.

Du côté des fabricants de petit appareillage, leur cahier des charges est basé sur la Liste des Produits et Prestations Remboursables (LPPR) correspondant aux caractéristiques à remplir pour qu'une orthèse soit remboursée par la sécurité sociale. Or ce cahier des charges est particulièrement pauvre (voir annexe C); les contraintes choisies ne tiennent pas compte du type de pathologie et ne sont pas basées sur des études scientifiques.

Le marché est néanmoins très important. Un rapport de marché (iData Research, 2012) indique que plus de 5 millions d'orthèses du genou ont été vendues aux États-Unis en 2011, et que ce marché représentera plus de 1.2 milliard de dollars en 2018.

Les différentes orthèses existantes vont être décrites dans la section I.2.b, puis les travaux ayant pour but d'évaluer leur efficacité clinique et mécanique seront présentés dans la section I.2.c.

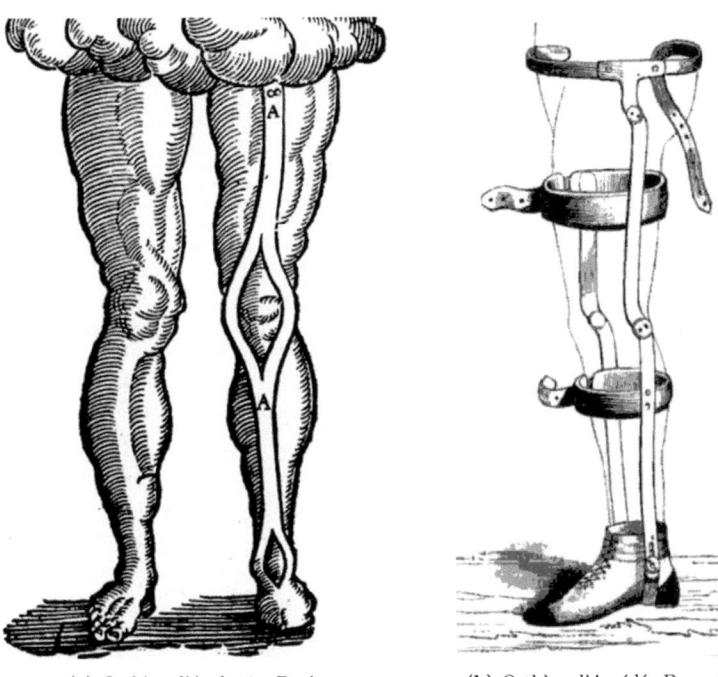

(a) Orthèse d'Ambroise Paré. (b) Orthèse d'Amédée Bonnet.

Figure I.10 – Développement des orthèses dans l'histoire : conception du XVIe siècle d'Ambroise Parée pour la pathologie du pied tombant (a) et une des premières orthèses autorisant la flexion du genou, développée par Amédée Bonnet autour de 1845 pour traiter les pathologies ligamentaires (b). D'après Bonnet (1853).

I.2.b Présentation des différentes catégories d'orthèses

Le but d'une orthèse dynamique est de stabiliser le genou tout en conservant une cinématique proche de la physiologie dans le secteur non limité (Genty et Jardin, 2004). Pour cela elle exerce une action mécanique sur le genou, mais aussi un effet thermique, une protection et un soutien psychologique. Différents classements d'orthèses ont été proposés, le plus utilisé étant celui de l'American Academy of Orthopaedic Surgeons. Ce classement comprend trois catégories : les orthèses prophylactiques, les orthèses fonctionnelles et les orthèses de rééducation. Il est à noter que les orthèses prophylactiques ne seront pas évaluées dans ce travail car elles sont plutôt spécifiques au marché américain. Finalement, on peut également ajouter les manchons de compression qui ont un effet presque exclusivement limité à la proprioception, et les orthèses spécifiques à la gonarthrose. Ce classement est critiquable d'un point de vue mécanique, car certaines orthèses peuvent avoir exactement la même action et être classées dans deux catégories différentes. Par conséquent, il est important de pouvoir disposer d'un classement supplémentaire basé sur les niveaux d'action mécanique.

Orthèses prophylactiques

Ce sont des orthèses destinées aux sujets sains ou guéris, majoritairement des sportifs, dans le but de prévenir les blessures au genou. Elles sont essentiellement utilisées dans le football américain pour les postes à risque afin de réduire les entorses sur choc latéral (Genty et Jardin, 2004). Elles se composent pour la majorité d'un corps rigide en polymère ou matériau composite avec des articulations au centre. Mécaniquement, ces orthèses doivent permettre une bonne conservation des performances sportives et jouer un rôle de protection des structures internes en dynamique, lors des chocs.

Orthèses fonctionnelles

Ce type d'orthèse a pour but de palier à une déficience, le plus souvent une instabilité fonctionnelle chez le patient, le cas le plus courant étant une laxité résiduelle après entorse grave. Ces orthèses ont le cahier des charges le plus contraignant car elles doivent remédier à cette instabilité sans nuire aux performances, au confort et à la cinématique du genou (Genty et Jardin, 2004).

Selon Genty et Jardin (2004) on peut distinguer trois sous-catégories :

1. Les orthèses dites "passives" qui stabilisent mal le tiroir antéro-postérieur et qui seraient surtout efficaces de par leur rôle proprioceptif. Ce type d'orthèse comporte des sangles et des embrases situées dans le même plan horizontal, en conséquent le serrage de ces sangles ne fait qu'augmenter la compression des tissus mous, sans induire de force anti-tiroir.
2. Les orthèses dites "à effet anti-tiroir statique" qui induisent une force s'opposant au tiroir antéro-postérieur grâce au décalage entre les sangles et les embrases. Cependant ce type d'orthèse est peu confortable car les tissus mous sont compressés en permanence.

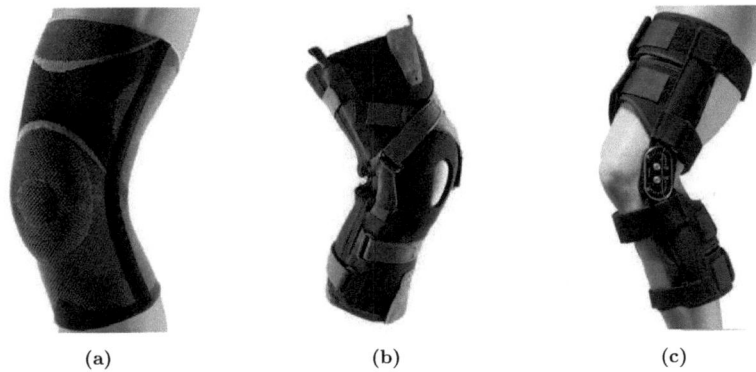

Figure I.11 – Exemple d'orthèses entrant dans les catégories suivantes : manchon de compression (a), orthèse fonctionnelle articulée à base textile (b) et orthèse de rééducation (c).

3. Les orthèses dites "à effet anti-tiroir dynamique" qui reprennent le principe des orthèses à effet anti-tiroir statique, à la seule différence que leur effet augmente au cours du mouvement et diminue lorsque le genou est bien centré, ce qui relâche la compression et améliore le confort.

Les orthèses fonctionnelles évaluées dans ce travail sont spécifiques au marché européen. En effet, les contraintes de remboursement n'étant pas les mêmes que celles du marché américain, le design communément adopté est celui d'une base textile renforcée par des barres rigides articulées (embrases), et présentant des sangles de serrage. La plupart possèdent également un évidement rotulien cerné par un anneau en silicone, dont le but est de centrer la rotule et de prévenir le glissement de l'orthèse pendant les mouvements de flexion-extension. Un exemplaire de cette catégorie est illustré dans la figure I.11b. Ces modèles sont donc plutôt de type "passif". Les orthèses évaluées sont présentés dans le chapitre III.

Orthèses de rééducation

Historiquement, ce type d'orthèse est apparu sous forme de plâtres articulés (Genty et Jardin, 2004). Elles sont portées après une opération ligamentaire et doivent permettre de bouger l'articulation afin d'éviter l'atrophie musculaire mais doivent empêcher les mouvements sollicitant les ligaments atteints. De nos jours ces orthèses ne sont plus toujours prescrites après une opération ligamentaire. On peut en distinguer deux sous-catégories : les orthèses dites rigides articulées et les attelles. Les premières limitent l'angle de flexion/extension grâce à un dispositif réglable situé au niveau du pivot (figure I.11c) tandis que les dernières sont utilisées dans le but d'immobiliser complètement l'articulation ; cependant la déformation des matériaux utilisés permet un très léger mouvement de flexion-extension, ce qui réduit légèrement l'atrophie musculaire par rapport à un plâtre classique, et surtout améliore le confort.

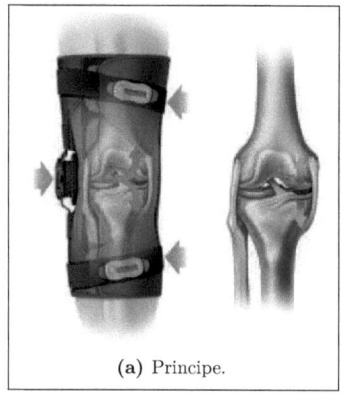 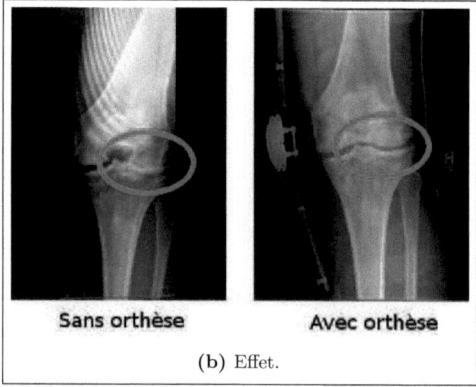

(a) Principe. (b) Effet.

Figure I.12 – Principe de fonctionnement d'une orthèse asymétrique pour gonarthrose qui a pour but d'induire un moment au niveau de l'articulation pour réduire les pressions sur le compartiment lésé (a) et effet constaté sur une radiologie (b). D'après www.breg.com.

Orthèses à effet proprioceptif

Ces orthèses s'apparentent à des dispositifs de contention et sont donc remboursées de la même façon. Elles se composent de textile uniquement, parfois d'un petit anneau rotulien en silicone, comme sur la figure I.11a. Comme on peut l'imaginer, elles sont supposées ne pas avoir d'action mécanique significative excepté l'amélioration de la proprioception. Elles ont également un effet antalgique de par la conservation de la chaleur. Ces orthèses sont prescrites à la suite d'entorses de faible gravité et jouent également un rôle psychologique.

Autres dispositifs

On peut aussi distinguer d'autres dispositifs ayant des buts mécaniques un peu différents de la stabilisation de l'articulation.

Ainsi, des orthèses pour gonarthrose se sont développées récemment. Comme décrit précédemment, cette pathologie entraîne un déséquilibre des pressions sur les condyles. Des orthèses ont été conçues pour appliquer un moment de *varus* ou *valgus* au genou afin de rétablir un bon équilibre de ces pressions (figure I.12). Ainsi, elles possèdent un design asymétrique.

D'autre part, il existe des genouillères fémoro-patellaires visant à recentrer la rotule et à traiter les syndromes fémoro-patellaires. Ces dispositifs sont constitués de textiles et possèdent un évidement rotulien et un anneau en silicone venant épouser la rotule, et parfois des sangles. Leur but mécanique est de guider la rotule dans la trochlée lors des mouvements de flexion-extension et d'éviter les décentrements latéraux.

I.2.c Revue des méthodes d'évaluation et synthèse des résultats

La prescription des orthèses du genou dans les pathologies ligamentaires et plus généralement pour toute laxité est bien ancrée dans les pratiques médicales. Cependant, les effets thérapeutiques sont toujours controversés à cause des résultats souvent contradictoires obtenus dans les différentes études visant à démontrer un effet mécanique ou clinique.

Thoumie *et al.* (2001, 2002) et Genty et Jardin (2004) ont passé en revue les travaux relatifs à l'évaluation des orthèses dans la littérature, en détaillant les différentes méthodes utilisées et les résultats obtenus, aussi bien d'un point de vue mécanique que clinique et thérapeutique. Ces travaux ont été complétés par des recommandations destinées aux médecins (Beaudreuil *et al.*, 2009; Paluska et McKeag, 2000), plus focalisées sur les études cliniques et thérapeutiques. Ce type d'étude étant largement répandu, nous nous contenterons donc de reprendre les conclusions de ces revues bibliographiques. De plus amples détails seront donnés sur les travaux mécaniques, et on pourra retrouver des éléments bibliographiques propres à chaque aspect abordé dans les chapitres suivants.

Évaluation mécanique

Les actions mécaniques des orthèses du genou sont de deux types :

1. Ajout de composants structurels (ex. : barres de renfort articulées) solidarisés au genou par des moyens de fixation (ex. : corps en textile et sangles de serrage). L'effet supposé est la rigidification directe de l'articulation selon certains axes, et donc la restriction des cinématiques articulaires associées. Un effet indirect peut être la réduction des déformations sur un ligament.
2. Application d'une pression sur la zone du genou. Les effets supposés sont notamment l'amélioration de la proprioception et la stimulation de la stabilisation active (musculaire).

Le premier effet est le plus simple à caractériser mécaniquement ; en effet, il est possible de quantifier le niveau d'action d'une orthèse en sollicitant une articulation appareillée et en comparant la réponse mécanique à une articulation non appareillée. La méthode la plus répandue est l'application d'une cinématique (ex : mouvement de tiroir) quantifiée à l'articulation appareillée et la mesure des forces ou moments de réaction à ce mouvement. Les dispositifs de test consistent soit en des genoux de cadavres montés sur un appareil instrumenté (figure I.13a), ou en des fantômes de membre inférieur instrumentés (figure I.13b). Certains auteurs ont également cherché à quantifier l'effet rigidificateur en tiroir des orthèses *in vivo* en utilisant un arthromètre (voir figure I.9b) et en mesurant la réponse d'un genou pathologique (rupture du LCA) appareillé ou non.

Les résultats dépendent bien évidemment du type d'orthèse testé mais aussi du type de dispositif de test utilisé.

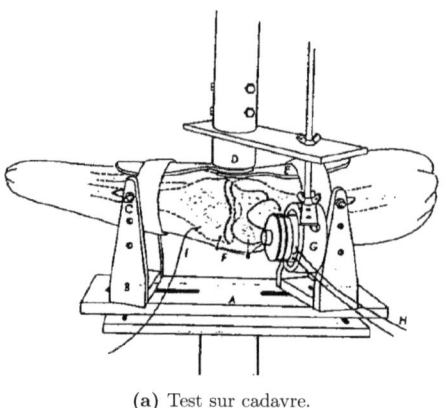 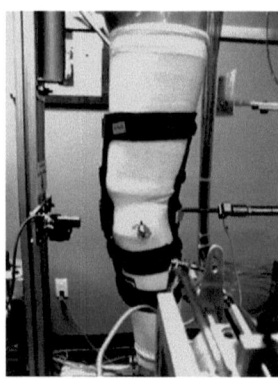

(a) Test sur cadavre.   (b) Fantôme appareillé.

Figure I.13 – Banc d'essai de mesure sur genou cadavérique (a) et fantôme de membre inférieur instrumenté appareillé avec une orthèse lors d'un test de *valgus* (b). D'après Hinterwimmer *et al.* (2004); France *et al.* (2005).

L'effet de pression quant à lui peut être quantifié non pas en tant que tel mais par les effets qu'il induit. En effet, il pourrait permettre de stimuler l'effet proprioceptif, et pourrait également avoir des effets sur la réponse musculaire. Ainsi l'évaluation de ce type d'action, bien que d'origine purement mécanique, n'a été évalué qu'à travers des études cliniques.

Études sur cadavres. Ces travaux ont montré l'incapacité de la quasi-totalité des orthèses prophylactiques à réduire significativement les déformations du LLI lors d'un choc latéral en *valgus* (Paulos *et al.*, 1987; France et Paulos, 1990; Baker *et al.*, 1989). Baker *et al.* (1987) ont également montré que certaines orthèses fonctionnelles pouvaient diminuer le déplacement latéral lors d'un même choc. Ces résultats ont malheureusement été rapportés comme peu reproductibles et peu pratiques à mettre en place à cause de la difficulté à se procurer des prélèvements.

Études sur fantômes de membre inférieur. De nombreux auteurs ont appareillé un modèle expérimental robotisé de genou afin de tester la capacité des orthèses à empêcher des mouvement non physiologiques (*varus*, *valgus*, tiroir). Les détails sur ces études sont reportés au chapitre III. Les résultats montrent un certain effet rigidificateur qui permet de classer les orthèses par niveau d'action, mais les auteurs se gardent de statuer sur la capacité finale du dispositif à compenser une lésion ligamentaire. D'autre part, le type de modèle expérimental utilisé semble avoir une influence sur les résultats, comme souligné par Liu *et al.* (1995).

Études avec arthromètres. Les résultats de ce type d'étude montrent un effet significatif du port de la plupart des orthèses fonctionnelles (Branch *et al.*, 1988; Rink *et al.*, 1989;

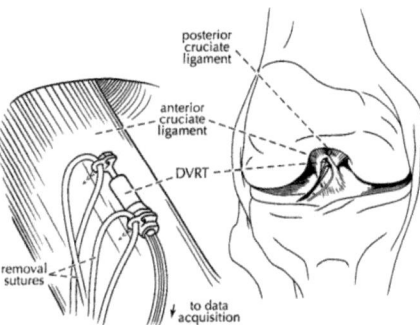

Figure I.14 – Transducteur (DVRT) jouant le rôle de jauge de déformation implanté sur le LCA par arthroscopie afin de caractériser l'effet des orthèses. D'après Beynnon et Fleming (1998).

Strutzenberger *et al.*, 2012). Cependant, l'effet semble s'estomper pour des forces importantes. Les détails sur ces études sont reportés au chapitre IV.

Autres études. Certains auteurs ont également pensé que la rigidification de l'articulation pourrait avoir des effets directement sur les structures internes du genou, par exemple en diminuant les déformations d'un ligament. Les auteurs Beynnon *et al.* (1997); Beynnon et Fleming (1998); Fleming *et al.* (2000) ont implanté une jauge de déformation sur le LCA par arthroscopie (figure I.14) et testé l'effet du port d'orthèses fonctionnelles lors d'un chargement en tiroir ou lors d'exercices d'accroupissement. Les résultats montrent que les orthèses induisent une réduction significative de la déformation du ligament.

Effet des constituants de l'orthèse. Les influences de certains paramètres ont été étudiées (Genty et Jardin, 2004). Il en ressort que les plus importants sont la surface de contact de l'orthèse avec la peau et la longueur des bras de levier. D'autre part, l'augmentation du serrage améliore la réduction du tiroir jusqu'à un seuil de 44 N. Par ailleurs, les orthèses rigides semblaient être plus efficaces pour réduire le tiroir antérieur. Enfin le placement correct du pivot de l'orthèse aurait également un rôle important (Paluska et McKeag, 2000).

Ces études mécaniques montrent donc clairement les effets bénéfiques des dispositifs fonctionnels. De nombreuses études cliniques ont été effectuées pour tenter de montrer que ces effets existent également lors d'exercices fonctionnels.

Évaluation clinique

L'évaluation clinique des orthèses du genou a surtout consisté à mesurer leur effet proprioceptif et leur action sur le circuit neuro-musculaire. Par exemple, des auteurs ont étudié l'effet d'une orthèse prophylactique (Osternig et Robertson, 1993) et fonctionnelle (Théoret et Lamontagne, 2006) sur l'activité électromyographique (EMG) des sujets ainsi que sur leur cinématique articulaire. Les résultats montrent un effet significatif des orthèses sur l'EMG et suggèrent leur influence sur le contrôle neuro-musculaire. La cinématique articulaire est également modifiée. Par ailleurs, Ramsey et al. (2001) se sont attachés à quantifier les forces de réaction du sol lors de sauts avec/sans orthèse, ainsi que la cinématique de l'articulation. Dans ce cas, les résultats montrent que le port d'orthèse n'induit pas d'effet significatif sur la cinématique de tiroir.

D'autres auteurs ont tenté de mettre en évidence l'effet proprioceptif des orthèses en observant l'effet d'un simple manchon de compression sur la kinesthésie et la proprioception de l'articulation (Birmingham et al., 2000, 2001; McNair et al., 1996). Pour cela, ils ont mesuré la capacité à positionner son articulation dans l'espace en reproduisant un angle de flexion donné. Ces études montrent que le port du manchon améliore légèrement la sensation kinesthésique, mais cet effet reste à prouver lors de tests fonctionnels.

Deux études (Wojtys et al., 1996; Ramsey et al., 2003) ont particulièrement retenu notre attention car leurs auteurs se sont attachés à mesurer l'effet du port d'orthèse à la fois sur l'activité EMG et sur la translation en tiroir, chez des patients présentant une rupture du LCA, lors de la mise en chargement du genou ou lors de sauts. Wojtys et al. (1996) ont constaté une diminution de 29 à 39% du tiroir grâce aux orthèses en passif, et 70 à 85% en actif. Les résultats montrent aussi une diminution du temps de réaction à la contraction des ischio-jambiers. Cependant, les conclusions de Ramsey et al. (2003) contredisent l'étude précédente ; ces derniers ont observé une diminution de l'activité EMG lors du port d'orthèse, mais pas d'effet sur le tiroir.

Finalement, Lundin et Styf (1998) ont analysé l'effet du port d'une orthèse fonctionnelle sur la pression intramusculaire (dans deux muscles de la cuisse et de la jambe) à différents niveaux de tension des sangles, au repos et pendant une contraction musculaire. Les résultats montrent une augmentation très importante de la pression dans les deux muscles à cause de l'orthèse (d'un facteur 3 à 10), même pour un serrage faible. Cet effet est peut-être à la base de l'amélioration des sensations proprioceptives et de la modification de la contraction musculaire.

Ainsi, les études cliniques paraissent montrer des effets de l'orthèse sur différents critères, même si les résultats sont parfois contradictoires. Cependant, ces effets ne peuvent être bénéfiques pour le patient que s'ils se traduisent par un effet thérapeutique.

Évaluation thérapeutique

Comme le rapporte Thoumie et al. (2002), peu d'études s'attachent à la caractérisation de l'effet du port régulier des orthèses sur l'aptitude à compenser une instabilité chronique, ou sur leurs rôles dans la rééducation après chirurgie. Colville et al. (1986) ont suivi 45 patients et évalué l'effet d'une orthèse fonctionnelle en moyenne 47 mois après une rupture du LCA. 69% des patients ont rapporté de manière subjective une réduction significative des phénomènes de dérobement grâce au port régulier de l'orthèse, et une amélioration des performances sportives, et 91% des patients étaient satisfaits de l'orthèse et lui trouvaient un effet bénéfique.

D'autre part, Birmingham *et al.* (2008) ont comparé l'effet d'une orthèse fonctionnelle et d'un manchon de compression sur un questionnaire de qualité de vie et d'activité, sur un test de laxité avec un arthromètre et un test de saut fonctionnel. Les 150 patients avaient subi une ligamentoplastie et ont été testés avant opération, puis 6 semaines, et 6, 12 et 24 mois après. Cette étude très complète ne montre pas de différence significative entre l'orthèse et le manchon pour les différents tests, mis à part une légère augmentation subjective de la confiance en son genou pour les personnes portant l'orthèse.

Enfin, Risberg *et al.* (1999) ont également suivi 60 patients ayant subi une ligamentoplastie qui ont été répartis en deux groupes : l'un a porté une orthèse de rééducation pendant 2 semaines, puis une orthèse fonctionnelle pendant 10 semaines ; l'autre groupe n'a pas porté d'orthèse. Le suivi régulier jusqu'à 2 ans après opération ne montre aucun effet significatif sur les critères suivants : test de laxité avec arthromètre, amplitude de flexion, force musculaire, tests fonctionnels et douleur. Cependant, un léger effet a été constaté pour le groupe porteur d'orthèses sur un questionnaire de qualité de vie, montrant une amélioration subjective de la fonctionnalité de l'articulation après 3 mois.

Effets indésirables

Thoumie *et al.* (2001); Genty et Jardin (2004) soulignent que ces dispositifs peuvent avoir certains effets indésirables. En effet, certains auteurs ont mis en évidence une augmentation de la fatigue musculaire et une diminution des performances sportives lors du port d'une orthèse fonctionnelle rigide. L'étude de Lundin et Styf (1998) présentée précédemment introduit l'hypothèse selon laquelle l'augmentation importante de la pression intramusculaire due à l'orthèse pourrait être la cause de la fatigue constatée. Risberg *et al.* (1999) ont également montré qu'après 3 mois de port d'une orthèse fonctionnelle (suite à une ligamentoplastie), les muscles de la cuisse du groupe appareillé étaient plus atrophiés que ceux du groupe témoin.

La plainte la plus fréquente semble être la migration du dispositif lors de mouvements répétés de flexion-extension (Genty et Jardin, 2004; van Leerdam, 2006; Brownstein, 1998). Cela entraîne un inconfort mais pourrait également nuire à l'efficacité du dispositif car l'articulation mécanique se trouve alors décentrée de celle du genou. Ce glissement est également favorisé par la transpiration. Les fabricants ont depuis proposé des modèles possédant des zones siliconées pour favoriser l'adhésion à la peau, mais les problèmes semblent toujours d'actualité.

Les résultats peu probants constatés lors des suivis postopératoires sont probablement dus en partie à l'inconfort des orthèses, car les études thérapeutiques font état d'un certain manque d'observance du traitement à cause d'une mauvaise tolérance au dispositif (Colville *et al.*, 1986; Risberg *et al.*, 1999; Birmingham *et al.*, 2008). Par exemple, une étude de suivi de patients à qui on a prescrit une orthèse pour gonarthrose (Squyer *et al.*, 2013) montre que le port régulier du dispositif n'était plus observé que par 25% des 89 sujets, les raisons invoquées par ceux ayant abandonné le port étant les suivantes :

- irritation de la peau : 40% ;
- mauvais ajustement/inconfort : 60% ;
- pas assez d'effet bénéfique sur les symptômes : 50% ;
- dispositif difficile à mettre/enlever : 17% ;
- dispositif difficile à porter avec les vêtements : 31% ;
- orthèse trop lourde ou encombrante : 33%.

I.2.d Synthèse des recommandations actuelles concernant ces dispositifs

D'après les revues de Paluska et McKeag (2000); Genty et Jardin (2004), la prescription d'orthèses prophylactiques n'est actuellement pas conseillée aux médecins pour la pratique sportive régulière. Ils arguent que le renforcement musculaire, l'assouplissement et le travail de la technique donnent de meilleurs résultats. Cependant, Najibi et Albright (2005) soulignent que le port d'une orthèse prophylactique n'augmente pas les risques de blessure, et ces derniers s'appuient sur différentes études épidémiologiques pour avancer que ce type d'orthèse pourrait réduire le risque d'entorse du LLI. Ils soulignent également que l'efficacité sur les autres types de blessures n'est pas définitivement prouvée.

Bien que l'efficacité des orthèses fonctionnelles soit démontrée uniquement pour des contraintes infra-physiologiques (inférieures à 400 N selon Genty et Jardin (2004)), les patients portant ces orthèses ressentent une amélioration subjective notoire de la stabilité du genou. Il est recommandé aux médecins de continuer à les prescrire après une opération ligamentaire (Paluska et McKeag, 2000). Cependant l'évolution des techniques de chirurgie réparatrice des ligaments a permis de se passer de l'immobilisation depuis les années 1990. Par conséquent, certaines études thérapeutiques ne montrant pas de différence significative entre les patients portant des orthèses et les témoins, il est difficile de conclure sur leur efficacité. D'autre part, selon Genty et Jardin (2004), les études publiées montrent que les améliorations techniques ne sont pas forcément suivies d'une amélioration objective de l'efficacité. Enfin, Thoumie et al. (2002) conclut que l'action proprioceptive est bien établie, mais que cela ne signifie pas forcément une action clinique suffisante lors de mise en situation de contrainte rotatoire par exemple. Il argue également que l'action stabilisatrice n'est prouvée que pour des contraintes faibles se situant en deçà d'une sollicitation pouvant entraîner une lésion. Ainsi, seules les instabilités faibles et moyennes sembleraient pouvoir bénéficier de ces dispositifs.

En dernier lieu, il est aussi intéressant de donner un aperçu des travaux sur les orthèses dont le but n'est pas uniquement la stabilisation. L'évaluation des orthèses pour gonarthrose a récemment suscité un large engouement dans la littérature scientifique. En effet, cette pathologie est un vrai problème de santé publique et les traitements médicaux ne soulagent qu'en partie la douleur. Briem et Ramsey (2013) ont synthétisé les résultats des études biomécaniques sur ce sujet. Ils concluent qu'il existe des preuves de l'efficacité de ces dispositifs pour traiter la gonarthrose unicompartimentale (réduction de l'angle d'adduction, diminution des pressions articulaires, amélioration de la symétrie du mouvement et de la vitesse de marche). Ces bénéfices ont été montrés pendant la marche mais aussi la course et la montée/descente d'escalier. Cependant, Squyer *et al.* (2013) rapportent que 2 ans après prescription, seulement 25% des patients portaient leur orthèse régulièrement.

Enfin, concernant les orthèses fémoro-patellaires, Paluska et McKeag (2000) rapportent un manque de consensus sur l'efficacité de ces dispositifs, et cela semble surtout dû au manque d'études et à certains résultats contradictoires.

I.3 Mécanique de l'appareillage du genou

Les interactions entre un dispositif orthopédique et l'articulation du genou ont été très peu étudiées dans la littérature. Par contre, les comportements mécaniques des différents constituants pris séparément ont déjà été caractérisés et modélisés, notamment le textile et les tissus mous du membre inférieur. De plus amples détails sur la modélisation d'un membre inférieur appareillé seront donnés dans le chapitre II.

I.3.a Constitution et mécanique des orthèses

Les principaux constituants des orthèses de série du marché français sont le textile, ainsi que les barres de renfort métalliques.

D'un point de vue mécanique, ces dernières peuvent être modélisées par un comportement élastique linéaire isotrope. Typiquement, l'aluminium utilisé possède un module de Young d'environ 70 GPa, ce qui pour une épaisseur de 2 mm donne un module d'élasticité linéique de 140×10^3 kN/m. Cette valeur est à comparer avec des valeurs typiques d'élasticité linéique de textiles d'orthèses, qui comme nous le verrons se situent autour de 1 kN/m et vont jusque 20 kN/m pour les sangles. Ainsi le rapport de rigidité entre les deux matériaux est tel que les déformations du métal sont très faibles.

La modélisation du textile quant à elle peut s'avérer complexe. En effet, ce matériau a un comportement qui peut être, selon les fils le constituant, fortement non linéaire, anisotrope, visco-élastique et non élastique (boucles d'hystérésis lors des essais mécaniques). De plus, deux types d'arrangement des fils sont utilisés dans la réalisation des orthèses : le tissu et le tricot (figure I.15).

La modélisation du comportement des tissus en cisaillement est une problématique importante, car cette sollicitation est à l'origine de la formation des plis (Badel, 2008). L'hypothèse couramment formulée est le non-glissement entre les fils de chaîne et de trame, ce qui permet d'utiliser des modèles de milieu continu (éléments finis). Ainsi, la déformation en cisaillement dans le plan peut être représentée par la cinématique d'un treillis, comme montré sur la figure I.16a. L'apparition de plis est alors due au blocage de cette cinématique à partir d'un certain taux de cisaillement.

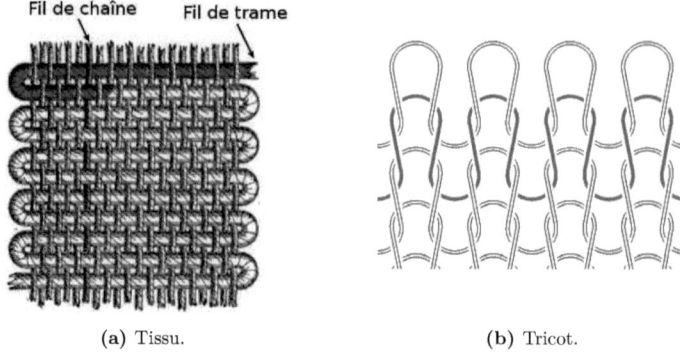

(a) Tissu.   (b) Tricot.

Figure I.15 – Deux types d'arrangement des fils en étoffe : tissage (a) et tricotage (b). Le tissage consiste à entrecroiser des fils de chaîne et des fils de trame suivant une fréquence définie. Le tricotage consiste à boucler un ou plusieurs fils pour former des mailles entrelacées les unes dans les autres.

Si le comportement du textile s'avère relativement complexe, certaines hypothèses peuvent être formulées afin d'avoir une bonne approximation du comportement tout en conservant un modèle simple. Par exemple, des études numériques d'essais de drapage (Yu et al., 2000; Wu et al., 2003) ont montré qu'on pouvait utiliser un modèle de comportement linéaire élastique orthotrope associé à une simulation par éléments finis de type dynamique explicite pour modéliser des tissus. Pour que ces modélisations restent réalistes, il est nécessaire de ne pas trop s'éloigner des hypothèses liées à ces modèles, à savoir un comportement relativement linéaire dans le domaine de sollicitation ainsi qu'une visco-élasticité et un hystérésis peu prononcés, ou s'estompant après quelques cycles. D'autre part, le comportement en cisaillement ne sera réaliste que pour des faibles taux, avant le phénomène de blocage.

Dans ce cas de figure, la caractérisation de l'élasticité du textile dans le plan peut être effectuée avec une machine de traction, dans les directions de chaîne et de trame, ainsi que dans une direction intermédiaire pour obtenir le module de cisaillement (Morozov et Vasiliev, 2003). Quant aux modules de flexion, ils peuvent être obtenus en utilisant une machine KES-F (Kawabata Evaluation System for Fabrics) pour la flexion, permettant de mesurer simultanément la courbure et le moment appliqué à l'échantillon (voir figure I.16b). Cette caractérisation mécanique est décrite en détail dans l'annexe A.

I.3.b Comportement mécanique du membre inférieur

Le membre inférieur comporte différentes structures anatomiques qui sont influencées mécaniquement par l'orthèse : la peau, les différents tissus mous sous-cutanés et les structures articulaires. Le comportement mécanique de ces structures a déjà été étudié dans la littérature, et quelques-unes de ces études sont rapportées dans cette section.

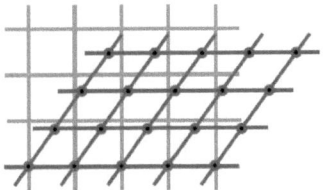 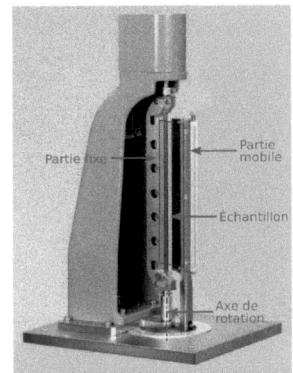

(a) Cinématique de type treillis (Badel, 2008).

(b) Kawabata Evaluation System for Fabrics (flexion).

Figure I.16 – Mécanisme de comportement en cisaillement décrit par une cinématique de type treillis (a) et système de caractérisation du comportement du textile en flexion de Kawabata (b) : la pince fixe est solidaire d'un capteur de torsion ; la pince mobile est mue en rotation autour de la première par un mécanisme assurant une courbure de déformation constante.

Tissus mous

Les récents travaux de Dubuis (2011) ont visé à identifier les propriétés mécaniques des tissus mous de la jambe sous compression élastique. Comme cette sollicitation est similaire à celle rencontrée lors du port des orthèses, il semble cohérent de reprendre les résultats obtenus. L'identification a été réalisée par méthode inverse ; les tissus mous ont été considérés comme homogènes, isotropes, quasi-incompressibles et leur comportement a été représenté par une loi hyper-élastique dont la fonction d'énergie est de type Néo-Hooke. Bien que les résultats soient spécifiques au patient choisi, les valeurs typiques de module d'élasticité Néo-Hooke identifiés sont de l'ordre de 3 kPa pour la peau et le tissu adipeux et 8 kPa pour les tissus musculaires.

Peau

Aucun travail concernant l'identification des propriétés mécaniques de la peau du membre inférieur n'apparaît dans la littérature. Cependant, le bras est communément utilisé comme zone de caractérisation. Les travaux de Evans et Holt (2009) ont visé à identifier les paramètres hyper-élastiques d'une fonction d'énergie de type Ogden sur l'avant-bras, ainsi que la prétension de la peau, par une technique de mesure de champ et de méthode inverse. Les résultats, repris au chapitre II, mettent en avant la difficulté de ce type d'identification, car les auteurs soulignent que plusieurs couples de paramètres hyper-élastiques satisfont l'identification. On peut également citer les travaux de Boyer *et al.* (2013), qui ont mis en évidence la forte anisotropie des propriétés mécaniques de la peau. Leur méthode d'identification se faisant à

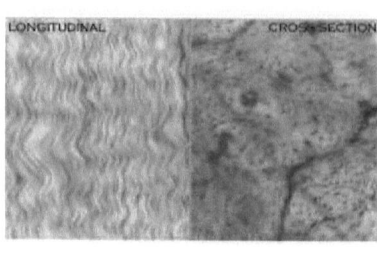 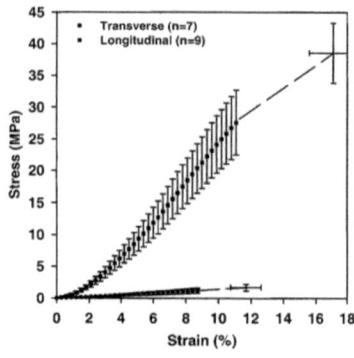

(a) Histologie d'un ligament. (b) Test de traction du LLI.

Figure I.17 – Arrangement des fibres de collagène dans les ligaments (a) et courbes contrainte-déformation d'un LLI dans les directions longitudinales et transverses (b). L'entortillement initial des fibres de collagène se traduit par un comportement fortement non linéaire dans la direction longitudinale : lors de la traction, les fibres se "désentortillent" (pied de courbe, faible rigidité) puis sont mises en tension (région de haute rigidité). D'après www.upei.ca/~morph et Weiss et Gardiner (2001).

faible déformation et prenant pour hypothèse un comportement linéaire élastique, ils notent que l'anisotropie constatée pourrait venir non pas d'une véritable différence de propriétés mécaniques selon l'orientation, mais du fait que le comportement de la peau soit fortement non linéaire et que la peau soit pré-contrainte de manière anisotrope et non uniforme.

Articulation

Ligaments. Le comportement mécanique des structures ligamentaires est particulièrement complexe. Ces matériaux sont fortement anisotropes, non linéaires et visco-élastiques, et les propriétés mécaniques sont patient-spécifiques (Weiss *et al.*, 2005). Les ligaments sont essentiellement constitués de chaînes de collagène fortement orientées, et formant des motifs enchevêtrés, ce qui confère au ligament un comportement non linéaire en traction (voir figure I.17). De plus, l'état de tension des ligaments dépend de l'angle de flexion du genou ; même genou tendu, une certaine tension initiale est présente.

Comportement global. La disposition des différents ligaments et leurs comportements mécaniques sont directement à l'origine du comportement global de l'articulation. Différentes études ont visé à mesurer la réponse mécanique d'un genou sous diverses sollicitations (tiroir, *varus-valgus*, torsion). Des genoux cadavériques ont été testés dans des appareils instrumentés pouvant mesurer l'angle ou le déplacement selon la direction de sollicitation et la force ou moment de réaction selon cette même direction. Ainsi, Hsieh et Walker (1976) ainsi que Markolf *et al.* (1976) ont pu étudier le comportement de genoux intacts et lésés en tiroir antéro-postérieur,

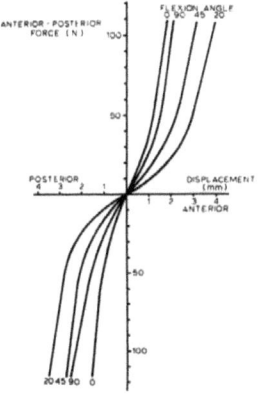
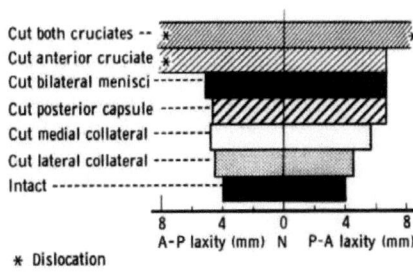

(a) Dépendance de la rigidité articulaire à l'angle de flexion.

(b) Contribution des différentes structures.

Figure I.18 – Courbes force-déplacement en tiroir sur genou cadavérique pour différents angles de flexion (a) et contribution des différentes structures à la rigidité passive de l'articulation (b) mesurée lors d'un test de tiroir de 200 N à 30° de flexion. D'après Markolf et al. (1976); Hsieh et Walker (1976).

varus-valgus et torsion. La contribution des différentes structures de stabilisation (ligaments, capsule) a pu également être quantifiée en les supprimant les unes après les autres. Un résultat est présenté en figure I.18, montrant clairement que les ligaments croisés sont les principaux stabilisateurs en tiroir.

Plus récemment, des dispositifs robotiques comme celui de la figure I.19a ont permis d'assurer une bonne reproductibilité des conditions de chargement ainsi qu'une meilleure précision des mesures. Ainsi, les auteurs ont pu exploiter des courbes force-déplacement (figure I.19b) au lieu de mesures ponctuelles. Les études utilisant ces dispositifs ont eu pour objectif de quantifier l'effet d'une structure comme le LCA (Eagar *et al.*, 2001) ou d'étudier le niveau de stabilité apporté par une technique de reconstruction chirurgicale (Diermann *et al.*, 2008) en testant la stabilité de genoux cadavériques en tiroir. Ces études ont un grand intérêt car elles permettent d'avoir des courbes de stabilité de référence (figure I.19b) pour genoux sains et lésés, dans le but de comparer les niveaux d'action des orthèses.

La figure I.19b nous permet de constater la présence de deux régions, à savoir une région dite de faible raideur, et une région de forte raideur, la transition résultant de la tension des structures ligamentaires et de leur comportement non linéaire.

Ces études ont également mis en évidence la dépendance des mesures de laxité à l'angle de flexion du genou : par exemple, pour une sollicitation en tiroir, le maximum de laxité est obtenu autour de 20–30° de flexion, et le minimum lorsque le genou est en position tendue

I.3 Mécanique de l'appareillage du genou

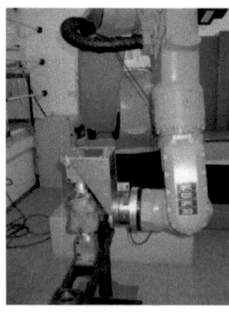
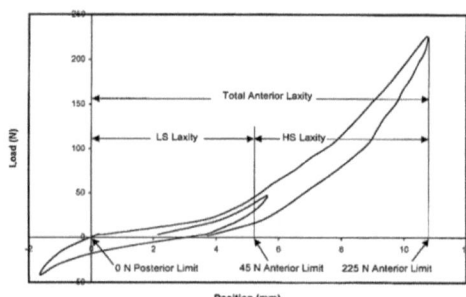

(a) Robot de test.   (b) Courbe typique de laxité.

Figure I.19 – Banc d'essai de mesure sur genou cadavérique (a) et exemple de courbe de laxité en tiroir obtenue avec ce type de dispositif (b). D'après Diermann *et al.* (2008); Eagar *et al.* (2001).

(Eagar *et al.*, 2001; Markolf *et al.*, 1976), comme le montre la figure I.18a. Ce maximum de laxité est atteint à environ 135° de flexion pour un mouvement de *varus-valgus* ou de rotation.

I.3.c Interactions

Les interactions entre les différentes structures concernent les différents constituants du membre inférieur (ex : interface entre la peau et les tissus sous-cutanés) et les contacts avec le dispositif médical. De plus amples détails seront donnés dans le chapitre II.

Interactions entre les différents organes.   Ces interactions sont très mal connues d'un point de vue mécanique. D'un point de vue anatomique, les liaisons sont assurées par le tissu conjonctif. Les descriptions des interfaces sous-cutanées données par Guimberteau *et al.* (2005) font état de structures extrêmement complexes assurant le glissement des organes mais aussi la continuité de l'espace.

Interactions entre la peau et le textile.   Le contact entre différents types de textile et la peau humaine a été étudié à quelques reprises, notamment par Sanders *et al.* (1998); Derler et Gerhardt (2011); Gerhardt *et al.* (2009). De nombreux facteurs viennent influencer ce frottement, comme la partie du corps où elle a lieu, le type de peau, l'humidité, le type de textile, etc... Les valeurs typiques de coefficient de frottement trouvées dans la littérature varient généralement entre 0.2 et 1 (Derler et Gerhardt, 2011).

I.3.d Cinématiques de test

Il est nécessaire de déterminer des cinématiques articulaires pouvant servir à tester l'efficacité mécanique des orthèses. En effet, appliquer une condition limite en déplacements plutôt qu'en efforts extérieurs confère l'avantage de stabiliser les calculs par éléments finis utilisant les méthodes explicites.

Nous avons vu dans la section I.1.c que les cinématiques de mise en mouvement de l'articulation associent une flexion à une légère rotation. Par conséquent, un mouvement non physiologique est défini comme tout autre mouvement, et les orthèses sont censées empêcher ce type de cinématique. Cependant, il existe certaines cinématiques non physiologiques qui sont communément associées à des pathologies ligamentaires ou dégénératives.

La rupture du LCA, qui est une pathologie courante, induit une laxité antérieure supérieure de 200% à celle d'un genou sain sous une force antérieure passive de 110 N à 15° de flexion (Woo et al., 1998). Même si en situation active, cette laxité semble être contrôlée par l'activation musculaire (Waite et al., 2005), un test comportant un mouvement de tiroir antérieur paraît adapté aux comparaisons avec des mesures cliniques (ex : arthromètre, Lachman) et avec des niveaux d'action trouvés dans la littérature (ex : genoux cadavériques, mesures sur des orthèses fonctionnelles).

Enfin, les déficiences des ligaments latéraux ou la gonarthrose peuvent induire une laxité en *varus-valgus* (van der Esch et al., 2005; Inoue et al., 1987). Les orthèses des fabricants de cette étude étant quasiment toutes symétriques, on peut raisonnablement penser que leurs actions en *varus-valgus* sont similaires. On trouve également dans la littérature nombre d'études utilisant ce type de cinématique de test.

En résumé, on peut donc imaginer un combiné de tests comportant :

Une cinématique physiologique de flexion qui est censée ne pas être modifiée par le port d'une orthèse.

Une cinématique pathologique de tiroir qui est censée être prévenue par le dispositif.

Une cinématique pathologique de varus qui est également censée être prévenue.

Il est à noter que des cinématiques rotatoires, type mouvement de pivot, semblent plus caractéristiques des instabilités dues aux lésions ligamentaires (Waite et al., 2005). Cependant, nous verrons que la machine de test n'est pas conçue pour simuler des rotations tibiales, et qu'il n'existe *a priori* pas de dispositif standard permettant de quantifier cette laxité *in vivo*.

I.3.e Sollicitations externes

Les sollicitations auxquelles est soumis le genou sont des forces ou moments, soit transmises par l'appareil locomoteur (ex : forces antéro-postérieures lors d'une descente d'escalier) ou par des chocs directs (coups), qui vont se traduire par un déplacement ou une rotation dont l'amplitude dépendra de la stabilité apportée par les structures passives et actives.

Il est bon d'avoir quelques ordres de grandeur des niveaux de chargement que doit supporter le genou. En cela, l'étude de Kutzner et al. (2010) est particulièrement intéressante car les moments et forces subies par le genou ont été mesurés *in vivo* sur 5 sujets grâce au port d'une

I.3 Mécanique de l'appareillage du genou

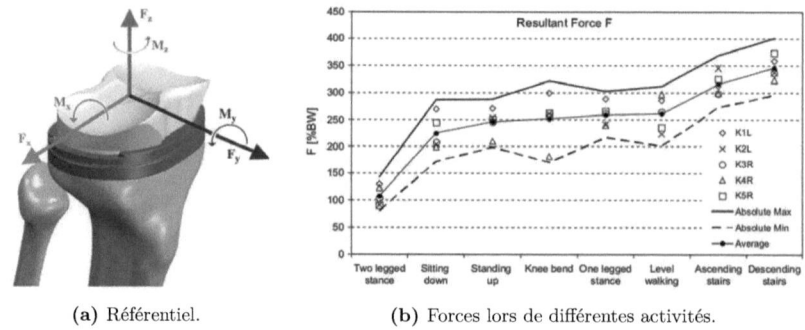

(a) Référentiel.

(b) Forces lors de différentes activités.

Figure I.20 – Référentiel utilisé pour l'étude (a) et les pics de force mesurés dans le genou lors de diverses activités de la vie quotidienne en pourcentage du poids du corps. D'après Kutzner *et al.* (2010).

prothèse instrumentée lors d'activités quotidiennes. Ainsi, le mouvement le plus contraignant est la montée et descente d'escalier, qui entraîne des charges allant jusqu'à 3.2 et 3.5 fois le poids du corps respectivement, comme on peut le voir sur la figure I.20b. Cependant, de telles charges sont majoritairement dirigées dans l'axe du genou (axe z sur la figure I.20a), et les forces postéro-antérieures et latérales se sont avérées être 10 à 20 fois inférieures. Pour un homme de 80 kg, les forces maximales suivantes ont été mesurées :

- Axe x : forces médiales de 140 N et latérales de 130 N ; moments de flexion de 25 N m et d'extension de 3.5 N m.
- Axe y : forces postérieures de 270 N et antérieures de 140 N ; moments d'abduction de 13 N m et d'adduction de 23 N m.
- Axe z : moments de rotation interne de 9 N m et externe de 4 N m.

Le mouvement de translation postéro-antérieur sera particulièrement étudié par la suite, voici donc quelques valeurs moyennes de référence de forces antérieures lors de différents mouvements :

- Se tenir debout : 25 N.
- S'asseoir, se lever, plier les genoux : 80 N.
- Marcher, monter ou descendre des escaliers : 120–140 N.

Bien que ces valeurs aient été mesurées sur des patients ayant une prothèse totale de genou, et donc ayant potentiellement une cinématique de marche altérée par la mise en place du dispositif, les forces et moments obtenus semblent en accord avec les valeurs obtenues par des mesures dynamiques inverses. Ces dernières consistent à enregistrer la cinématique des membres dans l'espace avec des marqueurs lors d'une activité et à mesurer les forces de réaction du corps sur le sol, et d'estimer les forces et moments dans les articulations grâce à différentes méthodes d'optimisation de l'équilibre mécanique. Elles peuvent notamment nous renseigner sur l'ordre de grandeur des forces et moments dans le genou lors d'activités sportives. Ces valeurs sont bien plus élevées que celles rencontrées lors d'activités de la vie quotidienne ; par exemple, Chappell *et al.* (2002) ont relevé des forces antérieures de l'ordre de 50% du poids du corps, soit 400 N pour un homme de 80 kg, lors d'un saut arrière.

I.4 Problématiques et objectifs

L'état des connaissances actuelles concernant les orthèses du genou soulève de nombreuses problématiques, autant d'un point de vue scientifique qu'industriel.

I.4.a Spécificité du marché français

Tout d'abord, les études présentées dans la section I.2.c ont toutes été réalisées sur des produits du marché américain. À cause de la différence des systèmes de santé, les orthèses diffèrent fortement en terme de conception. Le système de santé français imposant un montant de remboursement, qui est par exemple de 102€ pour une genouillère articulée, les fabricants doivent produire un dispositif à un prix de revient inférieur à cette somme pour garder un certain bénéfice. *A contrario*, cette limite n'existe pas sur le marché américain, d'où la conception d'orthèses beaucoup plus techniques, de type dynamique (voir section I.2.b). Le petit appareillage produit pour le marché français consiste donc en majorité en des orthèses à base textile, de type passif, et le niveau d'action de ces dispositifs est totalement inconnu.

I.4.b Étude des mécanismes d'action

D'autre part, même si un certain niveau d'action mécanique a été démontré sur membres inférieurs robotisés, les mécanismes gouvernant ces actions sont très flous. Ainsi, l'effet des paramètres de conception (ex : rigidité du textile), des caractéristiques du membre inférieur du patient (ex : morphologie, propriétés mécaniques) et du type de sollicitation (ex : tiroir, *varus-valgus*) restent mal connus. Ces nombreux paramètres ont certainement une influence, à la fois sur l'efficacité du dispositif à rigidifier l'articulation et sur son confort. Ce dernier point semble particulièrement important à aborder et malgré le côté subjectif de cette sensation, il devrait être possible de quantifier certains facteurs qui l'influencent (on peut par exemple penser à la pression exercée par le dispositif sur la peau).

Les études expérimentales basées sur l'utilisation de fantômes de membre inférieurs sont malheureusement peu adaptées à une étude paramétrique, car cela impliquerait la réalisation d'un grand nombre de prototypes d'orthèses et de membre inférieurs. De plus, il s'avère délicat de mesurer les pressions exercées par le dispositif. Afin de répondre à cette problématique, l'utilisation de la modélisation numérique par éléments finis semble pouvoir lever le voile sur certains de ces aspects. Il est certain qu'un modèle d'une articulation appareillée ne pourra s'affranchir de certaines hypothèses et simplifications dues à la complexité mécanique et géométrique de l'ensemble. Néanmoins, le but d'un modèle n'est pas de reproduire l'exacte réalité, mais d'en être une version simplifiée pouvant prédire les phénomènes étudiés avec une marge d'erreur acceptable. Le développement de ce modèle et les résultats numériques en découlant seront présentés au chapitre II.

Cependant, un modèle numérique se doit d'être validé par des mesures expérimentales. En ce sens, le développement et l'utilisation d'un fantôme de membre inférieur robotisé peut apporter une validation, mais ne devrait pas être uniquement réduit à cette fonction. En effet, les industriels orthopédiques en lien avec ce travail déplorent un manque de standardisation dans l'évaluation des orthèses du genou, et nous allons voir qu'un banc expérimental de test des orthèses aurait une grande utilité.

I.4.c   Innovation et certification

Le cahier des charges pour la conception des orthèses du genou réside en grande partie sur les critères requis pour un remboursement, et il serait bénéfique pour les patients que ces critères intègrent un label d'efficacité. Évidemment, cela doit passer par la création d'une norme d'évaluation. Or, la recherche clinique est peu adaptée à cette problématique car ces études sont longues et coûteuses à mettre en place. Il en va de même pour la conception de nouveaux produits ; ces derniers sont surtout développés sur des bases empiriques ou sur des retours et ressentis de patients, ce qui freine l'innovation. Bien entendu, il ne s'agit pas de mettre de côté le lien avec les patients, mais d'ajouter un outil, un nouveau critère, qui permettrait d'évaluer rapidement et simplement l'effet mécanique d'un prototype. Le chapitre III sera donc consacré à la description de cette machine de test, ainsi qu'à sa validation croisée avec le modèle numérique et à la campagne de mesures effectuée.

I.4.d   Lien avec des mesures cliniques

Cependant, ce banc de test ne pourra pas non plus reproduire la réalité clinique, car le support ne sera qu'un modèle approximatif de membre inférieur, et doit être également validé. Ainsi, on ne pourra s'affranchir du lien entre ces outils d'évaluation, qu'ils soient numériques ou expérimentaux, et des mesures *in vivo*, à travers une étude clinique. Cela permettra d'une part de valider les deux outils, afin de limiter le recours systématique à une étude clinique dans un second temps, et d'autre part d'évaluer le rôle de la spécificité du patient dans le choix d'une orthèse. Enfin, il semble important de mettre en relation les niveaux d'action mécanique calculés ou mesurés avec celles de structures internes du genou, en intégrant des patients présentant des pathologies liées à la déficience de ces structures. Cette étude clinique consistera à utiliser un arthromètre (voir section I.2.c) pour obtenir des mesures *in vivo*, et sera présentée dans le chapitre IV.

I.4.e Confort

En dernier lieu, il nous a semblé nécessaire de s'intéresser un peu plus en détail à la question du confort, qui ne peut être réduite à la pression appliquée. Cette problématique semble particulièrement cruciale et trop peu étudiée, car elle pourrait expliquer le faible lien entre les éventuelles actions mécaniques mesurées d'une part, et le peu d'effets thérapeutiques constatés d'autre part, à cause d'un manque d'observance du traitement. Nous avons vu que le glissement des orthèses sur la peau ainsi que leur migration lors de sollicitations dynamiques posent des problèmes de confort récurrents soulignés par les médecins, les patients et les industriels, sans qu'aucune solution définitive n'ait été trouvée. Nous étudierons donc un moyen de quantifier cette migration lors de mouvements de flexion-extension dans des conditions contrôlées, et cette démarche sera présentée au chapitre V.

I.4.f Cadre de travail

Le fait que les orthèses aient une action mécanique qui doit se traduire par un effet thérapeutique ne simplifie pas le problème. En effet, il apparaît que la rigidification mécanique passive par ajout d'éléments structurels ne soit pas le seul mécanisme de stabilisation, et que le lien avec l'effet thérapeutique et donc le service médical rendu ne peut être réduit à ce seul critère. En l'occurrence, une approche intéressante est proposée par Ribinik *et al.* (2010) : l'évaluation de ces dispositifs est de type médicotechnique et doit donc être basée à la fois sur le mode d'action et sur l'effet thérapeutique souhaité. Cependant, il nous faut choisir un cadre de travail précis et abordable. En ce sens, les trois outils d'évaluation proposés se limiteront aux effets mécaniques passifs de l'orthèse sous sollicitation quasi-statique, même si certains aspects proprioceptifs et des éléments de stabilisation active apparaîtront nécessairement au contact des mesures *in vivo*. Il est certain que l'omission du caractère actif et dynamique de la stabilisation sera une limite importante aux résultats obtenus, et il est nécessaire d'en tenir compte en analysant les niveaux d'action mesurés. Il ne faut pas oublier qu'une certaine part de l'efficacité de ces dispositifs médicaux relève du domaine de la subjectivité et de la psychologie, ce qui est vrai pour tout traitement médical qui touche à l'humain, et la rigueur des méthodes de travail ne pourra pas estomper ce côté non déterministe. Cependant, il faudra considérer ces résultats comme une première étape vers une meilleure compréhension de ces dispositifs encore rarement évalués, et surtout comme une démarche globale comportant différentes phases d'évaluation complémentaires.

D'un point de vue industriel, ce travail n'a pas non plus comme objectif de concevoir une orthèse avant-gardiste. En effet, il faut dans un premier temps se donner les moyens de comprendre des mécanismes d'action, pour dans un second temps améliorer les dispositifs. Ainsi, des pistes seront régulièrement données sur la base des résultats obtenus, et il appartiendra aux professionnels de la santé et aux cliniciens de s'approprier ces données.

I.4 Problématiques et objectifs

Afin de clarifier le cadre de travail, un graphique de synthèse des problématiques et objectifs est donné en figure I.21. Les principaux enjeux scientifiques auxquels doit répondre ce travail sont annotés et liés à la méthode d'investigation correspondante, qui renvoie chacune à un chapitre de cette thèse. Il faudra avoir conscience des limites de cette étude, les différents aspects participant au service médical rendu par les orthèses ne pouvant tous être évalués.

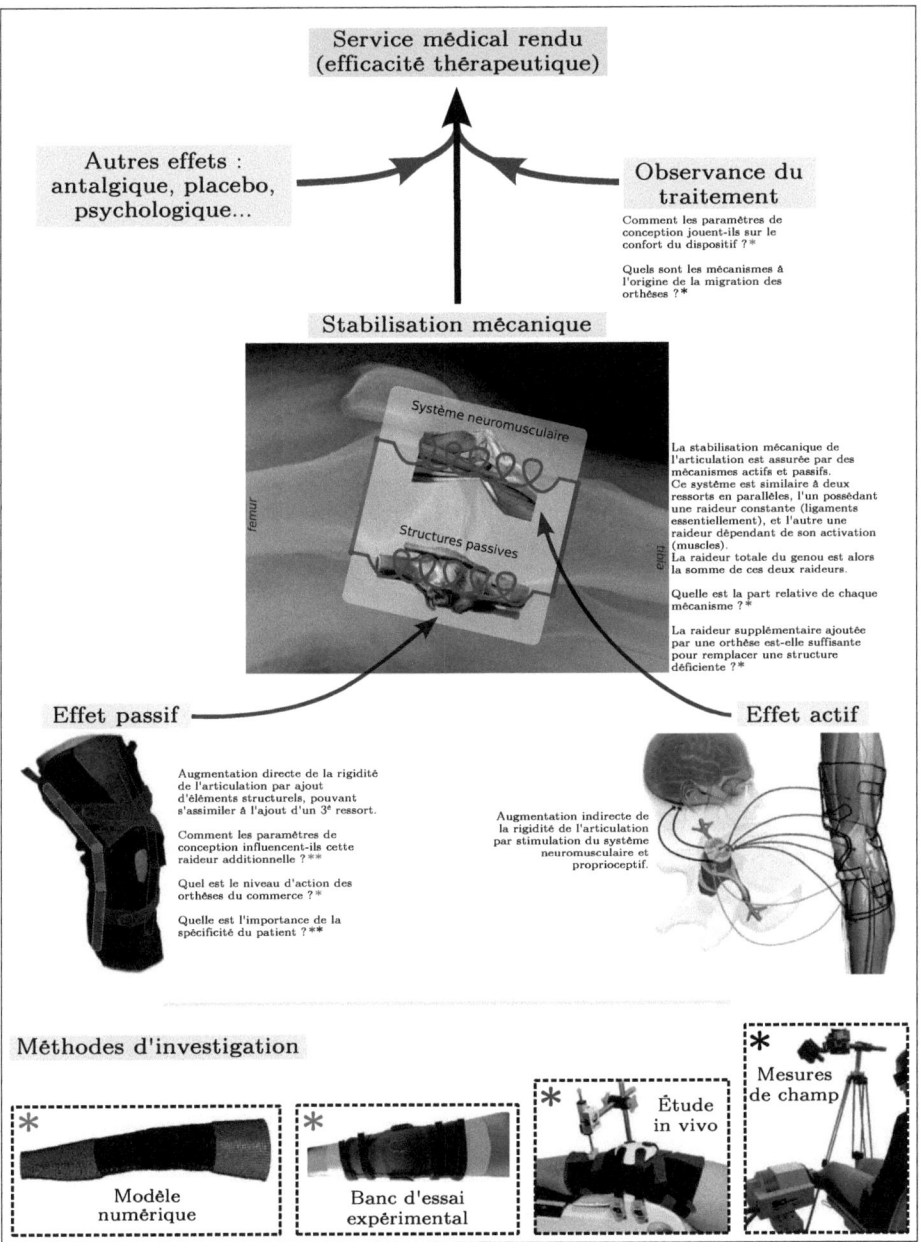

Figure I.21 – Cadre de travail autour des mécanismes d'action des orthèses du genou.

Bibliographie

P. BADEL : *Analyse mésoscopique du comportement mécanique des renforts tissés de composites utilisant la tomographie aux rayons X*. Thèse doctorat, LaMCoS - Laboratoire de Mécanique des Contacts et des Structures, France, 2008.

B. E. BAKER, E. VANHANSWYK, t. BOGOSIAN, S, F. W. WERNER et D. MURPHY : A biomechanical study of the static stabilizing effect of knee braces on medial stability. *The American Journal of Sports Medicine*, 15(6):566–570, 1987.

B. E. BAKER, E. VANHANSWYK, S. P. BOGOSIAN, F. W. WERNER et D. MURPHY : The effect of knee braces on lateral impact loading of the knee. *The American Journal of Sports Medicine*, 17(2):182–186, 1989.

J. BEAUDREUIL, S. BENDAYA, M. FAUCHER, E. COUDEYRE, P. RIBINIK, M. REVEL et F. RANNOU : Clinical practice guidelines for rest orthosis, knee sleeves, and unloading knee braces in knee osteoarthritis. *Joint, Bone, Spine*, 76(6):629–636, 2009.

B. D. BEYNNON et B. C. FLEMING : Anterior cruciate ligament strain in-vivo : A review of previous work. *Journal of Biomechanics*, 31(6):519–525, 1998.

B. D. BEYNNON, R. J. JOHNSON, B. C. FLEMING, G. D. PEURA, P. A. RENSTROM, C. E. NICHOLS et M. H. POPE : The effect of functional knee bracing on the anterior cruciate ligament in the weightbearing and nonweightbearing knee. *The American Journal of Sports Medicine*, 25(3):353–359, juin 1997.

T. B. BIRMINGHAM, J. T. INGLIS, J. F. KRAMER et A. A. VANDERVOORT : Effect of a neoprene sleeve on knee joint kinesthesis : influence of different testing procedures. *Medicine and Science in Sports and Exercise*, 32(2):304–308, fév. 2000.

T. B. BIRMINGHAM, J. F. KRAMER, A. KIRKLEY, J. T. INGLIS, S. J. SPAULDING et A. A. VANDERVOORT : Knee bracing for medial compartment osteoarthritis : effects on proprioception and postural control. *Rheumatology*, 40(3):285–289, mars 2001.

T. B. BIRMINGHAM, D. M. BRYANT, J. R. GIFFIN, R. B. LITCHFIELD, J. F. KRAMER, A. DONNER et P. J. FOWLER : A randomized controlled trial comparing the effectiveness of functional knee brace and neoprene sleeve use after anterior cruciate ligament reconstruction. *The American Journal of Sports Medicine*, 36(4):648–655, avr. 2008.

A. BONNET : *Traité de thérapeutique des maladies articulaires*. J.-B. Baillière, 1853.

G. BOYER, J. MOLIMARD, M. BEN TKAYA, H. ZAHOUANI, M. PERICOI et S. AVRIL : Assessment of the in-plane biomechanical properties of human skin using a finite element model updating approach combined with an optical full-field measurement on a new tensile device. *Journal of the Mechanical Behavior of Biomedical Materials*, 27:273–282, 2013.

T. BRANCH, R. HUNTER et P. REYNOLDS : Controlling anterior tibial displacement under static load : a comparison of two braces. *Orthopedics*, 11(9):1249–1252, sept. 1988.

K. BRIEM et D. K. RAMSEY : The role of bracing. *Sports Medicine and Arthroscopy Review*, 21(1):11–17, mars 2013.

B. BROWNSTEIN : Migration and design characteristics of functional knee braces. *Journal of Sport Rehabilitation*, 7(1):33–43, 1998.

J. D. CHAPPELL, B. YU, D. T. KIRKENDALL et W. E. GARRETT : A comparison of knee kinetics between male and female recreational athletes in stop-jump tasks. *The American Journal of Sports Medicine*, 30(2):261–267, 2002.

M. R. COLVILLE, C. L. LEE et J. V. CIULLO : The lenox hill brace. an evaluation of effectiveness in treating knee instability. *The American Journal of Sports Medicine*, 14(4):257–261, août 1986.

P. CREAMER et M. C. HOCHBERG : Osteoarthritis. *The Lancet*, 350(9076):503–509, 1997.

D. DANIEL, L. MALCOM, G. LOSSE, M. STONE, R. SACHS et R. BURKS : Instrumented measurement of anterior laxity of the knee. *Journal of Bone and Joint Surgery. American Volume*, 67(5):720–726, 1985.

M. de LOËS, L. J. DAHLSTEDT et R. THOMÉE : A 7-year study on risks and costs of knee injuries in male and female youth participants in 12 sports. *Scandinavian Journal of Medicine & Science in Sports*, 10(2):90–97, avr. 2000.

S. DERLER et L.-C. GERHARDT : Tribology of skin : review and analysis of experimental results for the friction coefficient of human skin. *Tribology Letters*, p. 1–27, 2011.

N. DIERMANN, T. SCHUMACHER, S. SCHANZ, M. J. RASCHKE, W. PETERSEN et T. ZANTOP : Rotational instability of the knee : internal tibial rotation under a simulated pivot shift test. *Archives of Orthopaedic and Trauma Surgery*, 129(3):353–358, juil. 2008.

L. DUBUIS : *Biomechanics of soft tissues of human leg under elastic compression*. Thèse de doctorat, Ecole Nationale Supérieure des Mines de Saint-Etienne, déc. 2011.

P. EAGAR, M. L. HULL et S. M. HOWELL : A method for quantifying the anterior load-displacement behavior of the human knee in both the low and high stiffness regions. *Journal of Biomechanics*, 34(12):1655–1660, 2001.

S. L. EVANS et C. A. HOLT : Measuring the mechanical properties of human skin in vivo using digital image correlation and finite element modelling. *The Journal of Strain Analysis for Engineering Design*, 44(5):337–345, 2009.

B. C. FLEMING, P. A. RENSTROM, B. D. BEYNNON, B. ENGSTROM et G. PEURA : The influence of functional knee bracing on the anterior cruciate ligament strain biomechanics in weightbearing and nonweightbearing knees. *The American Journal of Sports Medicine*, 28(6):815–824, nov. 2000.

E. P. FRANCE et L. E. PAULOS : In vitro assessment of prophylactic knee brace function. *Clinics in Sports Medicine*, 9(4):823–841, 1990.

E. P. FRANCE, P. CAWLEY et R. OPA : Mechanical testing of functional knee braces : An evaluation of the BREG FUSION XT versus selected custom and off-the-shelf functional knee braces. Rap. tech., BREG Research Laboratory, 2005.

M. GENTY et C. JARDIN : Place des orthèses en pathologie ligamentaire du genou. revue de la littérature. *Annales de Réadaptation et de Médecine Physique*, 47(6):324–333, août 2004.

L.-C. GERHARDT, A. LENZ, N. D. SPENCER, T. MÜNZER et S. DERLER : Skin-textile friction and skin elasticity in young and aged persons. *Skin Research and Technology*, 15(3):288–298, août 2009.

J. GUIMBERTEAU, J. SENTUCQ-RIGALL, B. PANCONI, R. BOILEAU, P. MOUTON et J. BAKHACH : Introduction à la connaissance du glissement des structures sous-cutanées humaines. *Annales de Chirurgie Plastique Esthétique*, 50(1):19–34, fév. 2005.

S. HINTERWIMMER, H. GRAICHEN, R. BAUMGART et W. PLITZ : Influence of a monocentric knee brace on the tension of the collateral ligaments in knee joints after sectioning of the anterior cruciate ligament - an in vitro study. *Clinical Biomechanics*, 19(7):719–725, août 2004.

H. HSIEH et P. WALKER : Stabilizing mechanisms of the loaded and unloaded knee joint. *Journal of Bone and Joint Surgery. American Volume*, 58(1):87–93, jan. 1976.

IDATA RESEARCH : U.S. market for orthopedic braces & support devices 2012. Rap. tech., mai 2012.

M. INOUE, E. MCGURK-BURLESON, J. M. HOLLIS et S. L. WOO : Treatment of the medial collateral ligament injury. i : The importance of anterior cruciate ligament on the varus-valgus knee laxity. *The American Journal of Sports Medicine*, 15(1):15–21, fév. 1987.

P. KAMINA : *Anatomie clinique, Tome 1. Anatomie générale – membres*. Maloine, 4 édn, 2006.

I. A. KAPANDJI : *Physiologie articulaire : schémas commentés de mécanique humaine. Membre inférieur*. Maloine, 1977.

R. KIRK, B. JORGENSEN et H. JENSEN : The impact of elbow and knee joint lesions on abnormal gait and posture of sows. *Acta Veterinaria Scandinavica*, 50(1):5, 2008.

I. KUTZNER, B. HEINLEIN, F. GRAICHEN, A. BENDER, A. ROHLMANN, A. HALDER, A. BEIER et G. BERGMANN : Loading of the knee joint during activities of daily living measured in vivo in five subjects. *Journal of Biomechanics*, 43(11):2164–2173, 2010.

P. LAFFARGUE : La gonarthrose. URL http://medecine.univ-lille2.fr/pedagogie/contenu/mod-transv/module05/item57/gonarthr.pdf. 2009.

D. B. LEVY, H. I. DICKEY-WHITE, E. M. KARDON, F. TALAVERA, T. SCALETTA, J. D. HALAMKA et R. KULKARNI : Soft tissue knee injury. URL http://emedicine.medscape.com/article/826792-overview. 2011.

R. T. LI, S. LORENZ, Y. XU, C. D. HARNER, F. H. FU et J. J. IRRGANG : Predictors of radiographic knee osteoarthritis after anterior cruciate ligament reconstruction. *The American Journal of Sports Medicine*, 39(12):2595–2603, déc. 2011.

S. H. LIU, A. DALUISKI et J. M. KABO : The effects of thigh soft-tissue stiffness on the control of anterior tibial displacement by functional knee orthoses. *Journal of Rehabilitation Research and Development*, 32(2):135–140, 1995.

D. S. LOGERSTEDT, L. SNYDER-MACKLER, R. C. RITTER, M. J. AXE et J. J. GODGES : Knee stability and movement coordination impairments : Knee ligament sprain. *Journal of Orthopaedic & Sports Physical Therapy*, 40(4):A1–A37, Apr 2010.

O. LUNDIN et J. R. STYF : Intramuscular pressure in the leg and thigh related to tensile strap force during knee brace wear. an experimental study in man. *The American journal of sports medicine*, 26(4):567–570, août 1998.

K. L. MARKOLF, J. S. MENSCH et H. C. AMSTUTZ : Stiffness and laxity of the knee–the contributions of the supporting structures. a quantitative in vitro study. *The Journal of bone and joint surgery. American volume*, 58(5):583–594, juil. 1976.

P. J. MCNAIR, S. N. STANLEY et G. R. STRAUSS : Knee bracing : Effects on proprioception. *Archives of Physical Medicine and Rehabilitation*, 77(3):287–289, mars 1996.

E. MOROZOV et V. VASILIEV : Determination of the shear modulus of orthotropic materials from off-axis tension tests. *Composite Structures*, 62(3-4):379–382, jan. 2003.

S. NAJIBI et J. P. ALBRIGHT : The use of knee braces, part 1. *The American Journal of Sports Medicine*, 33(4):602–611, 2005.

L. R. OSTERNIG et R. N. ROBERTSON : Effects of prophylactic knee bracing on lower extremity joint position and muscle activation during running. *The American Journal of Sports Medicine*, 21(5):733–737, sept. 1993.

S. A. PALUSKA et D. B. MCKEAG : Knee braces : current evidence and clinical recommendations for their use. *American Family Physician*, 61(2):411–418, 423–424, 2000.

L. E. PAULOS, E. P. FRANCE, T. D. ROSENBERG, G. JAYARAMAN, P. J. ABBOTT et J. JAEN : The biomechanics of lateral knee bracing. *The American Journal of Sports Medicine*, 15(5):419–429, sept. 1987.

D. K. RAMSEY, M. LAMONTAGNE, P. F. WRETENBERG, A. VALENTIN, B. ENGSTRÖM et G. NÉMETH : Assessment of functional knee bracing : an in vivo three-dimensional kinematic analysis of the anterior cruciate deficient knee. *Clinical Biomechanics*, 16(1):61–70, jan. 2001.

D. K. RAMSEY, P. F. WRETENBERG, M. LAMONTAGNE et G. NÉMETH : Electromyographic and biomechanic analysis of anterior cruciate ligament deficiency and functional knee bracing. *Clinical Biomechanics*, 18(1):28–34, jan. 2003.

P. RIBINIK, M. GENTY et P. CALMELS : Évaluation des orthèses de genou et de cheville en pathologie de l'appareil locomoteur. Avis d'experts. *Journal de Traumatologie du Sport*, 27(3):121–127, sept. 2010.

P. C. RINK, R. A. SCOTT, R. L. LUPO et S. J. GUEST : Team physician #7. a comparative study of functional bracing in the anterior cruciate deficient knee. *Orthopædic review*, 18(6):719–727, juin 1989.

M. A. RISBERG, I. HOLM, H. STEEN, J. ERIKSSON et A. EKELAND : The effect of knee bracing after anterior cruciate ligament reconstruction. a prospective, randomized study with two years' follow-up. *The American Journal of Sports Medicine*, 27(1):76–83, fév. 1999.

J. E. SANDERS, J. M. GREVE, S. B. MITCHELL et S. G. ZACHARIAH : Material properties of commonly-used interface materials and their static coefficients of friction with skin and socks. *Journal of Rehabilitation Research and Development*, 35(2):161–176, juin 1998.

H. SKINNER : *Current Diagnosis and Treatment in Orthopedics*. McGraw-Hill Professional Publishing, Blacklick, OH, USA, 2006.

E. SQUYER, D. L. STAMPER, D. T. HAMILTON, J. A. SABIN et S. S. LEOPOLD : Unloader knee braces for osteoarthritis : do patients actually wear them ? *Clinical orthopædics and related research*, 471(6):1982–1991, juin 2013.

G. STRUTZENBERGER, M. BRAIG, S. SELL, K. BOES et H. SCHWAMEDER : Effect of brace design on patients with ACL-ruptures. *International journal of sports medicine*, 33 (11):934–939, nov. 2012.

P. THOUMIE, P. SAUTREUIL et E. MEVELLEC : Orthèses de genou. première partie : Évaluation des propriétés physiologiques à partir d'une revue de la littérature. knee orthosis. first part : evaluation of physiological justifications from a literature review. *Annales de Réadaptation et de Médecine Physique*, 44(9):567–580, 2001.

P. THOUMIE, P. SAUTREUIL et E. MEVELLEC : Orthèses de genou. Évaluation de l'efficacité clinique à partir d'une revue de la littérature. *Annales de Réadaptation et de Médecine Physique*, 45(1):1–11, jan. 2002.

D. THÉORET et M. LAMONTAGNE : Study on three-dimensional kinematics and electromyography of ACL deficient knee participants wearing a functional knee brace during running. *Knee Surgery, Sports Traumatology, Arthroscopy*, 14(6):555–563, avr. 2006.

M. VAN DER ESCH, M. STEULTJENS, H. WIERINGA, H. DINANT et J. DEKKER : Structural joint changes, malalignment, and laxity in osteoarthritis of the knee. *Scandinavian journal of rheumatology*, 34(4):298–301, août 2005.

N. VAN LEERDAM : The genux, a new knee brace with an innovative non-slip system. Dans : *Academy of American Orthotists and Prosthetists*, Chicago, IL, 2006.

J. C. WAITE, D. J. BEARD, C. A. F. DODD, D. W. MURRAY et H. S. GILL : In vivo kinematics of the ACL-deficient limb during running and cutting. *Knee surgery, sports traumatology, arthroscopy : official journal of the ESSKA*, 13(5):377–384, juil. 2005.

J. A. WEISS et J. C. GARDINER : Computational modeling of ligament mechanics. *Critical Reviews in Biomedical Engineering*, 29(3), 2001.

J. A. WEISS, J. C. GARDINER, B. J. ELLIS, T. J. LUJAN et N. S. PHATAK : Three-dimensional finite element modeling of ligaments : technical aspects. *Medical engineering & physics*, 27(10):845–861, 2005.

E. M. WOJTYS, S. U. KOTHARI et L. J. HUSTON : Anterior cruciate ligament functional brace use in sports. *The American Journal of Sports Medicine*, 24(4):539–546, juil. 1996.

S. L.-Y. WOO, R. J. FOX, M. SAKANE, G. A. LIVESAY, T. W. RUDY et F. H. FU : Biomechanics of the ACL : measurements of in situ force in the ACL and knee kinematics. *The Knee*, 5(4):267–288, oct. 1998.

Z. WU, C. AU et M. YUEN : Mechanical properties of fabric materials for draping simulation. *International Journal of Clothing Science and Technology*, 15(1):56–68, jan. 2003.

W. R. YU, T. J. KANG et K. CHUNG : Drape simulation of woven fabrics by using explicit dynamic analysis. *Journal of the Textile Institute*, 91(2):285–301, 2000.

CHAPITRE II
Étude numérique par éléments finis d'un membre inférieur appareillé

Sommaire

Résumé			50
Introduction			52
II.1	**Methods**		55
	II.1.a	Finite element model of the braced knee	55
	II.1.b	Design of experiment approach	61
II.2	**Results**		64
	II.2.a	Exploratory FE results	64
	II.2.b	Design of experiments and optimization results	68
II.3	**Discussion**		71
	II.3.a	Methodological justifications	71
	II.3.b	Result outcomes	73
Conclusion			77
Bibliographie			81

Résumé

Comme nous l'avons vu, les orthèses du genou prennent habituellement part au traitement des laxités du genou. Une des pathologies les plus courantes — 24% des blessures du genou et 59% des blessures ligamentaires (Bollen, 2000) — implique le LCA. Comme ce ligament est le principal stabilisateur du tiroir antérieur, sa déficience induit une laxité dans cette direction, comme mis en évidence par le test clinique de Lachman. Cependant, le niveau d'action des orthèses manufacturées typiques du marché européen, conçues sur une base textile avec des embrases et des sangles de serrage, a été peu évalué et reste méconnu. D'autre part, les pressions qu'appliquent ces dispositifs sur la peau n'ont jamais été caractérisés, et on peut penser qu'elles jouent un rôle dans leur confort. Ce chapitre décrit donc le développement d'un modèle numérique par éléments finis d'un membre inférieur appareillé pour évaluer la rigidification passive que peut apporter une orthèse du genou et lier cet effet aux pressions sur la peau.

Le modèle éléments finis développé sous Abaqus® comprend les os du membre inférieur, considérés indéformables, les tissus mous (muscles, tendons, tissus adipeux), considérés comme un matériau isotrope homogène avec un comportement hyperélastique de type Néo-Hooke et la peau, considérée comme un matériau isotrope homogène avec un comportement hyperélastique de type Ogden, et pré-contrainte en début de simulation. La géométrie du membre inférieur a été obtenue d'après une segmentation d'un CT-scan mise à l'échelle d'un membre inférieur médian français. L'orthèse est modélisée avec une base textile (matériau orthotrope élastique, éléments coques), des sangles de serrage (idem) et des embrases articulées indéformables. Les interfaces (orthèse/peau et peau/tissus mous) ont été modélisées par un frottement de type Coulomb. Les différentes structures de l'assemblage sont décrites dans la Figure II.3.

Comme un objectif de cette étude est de déterminer l'effet des paramètres de conception sur l'efficacité mécanique passive et le confort du dispositif, deux critères ont été choisis : k, la raideur du dispositif, calculée comme la pente de la courbe force–déplacement lors d'un tiroir antérieur de 20 mm (Figure II.5), et p, la pression moyenne appliquée par l'orthèse sur la peau après la mise en place de l'orthèse et le serrage des sangles. D'autre part, les différents paramètres étudiés sont les suivants : rigidité des tissus mous (équivalent à état passif et actif des muscles), circonférence de l'orthèse, longueur de l'orthèse, rigidité du textile, coefficient de frottement orthèse/peau et tension des sangles (voir Tableau II.2).

L'effet de ces différents paramètres a été étudié en utilisant une démarche de plan d'expérience ; 100 cas ont été simulés, avec les 6 paramètres prenant différentes valeurs déterminées par un hypercube latin stratifié. De ces 100 calculs ont résulté 100 valeurs de k et de p, et différentes surfaces de réponses ont été ajustées afin de calculer les effets des paramètres sur ces deux critères (Figures II.8 et II.9). Il en résulte que certains paramètres étaient particulièrement influents (rigidité des tissus mous, rigidité du textile, circonférence de l'orthèse), mais que jouer avec ces facteurs pour faire augmenter l'effet de rigidification de l'orthèse entraînait également une élévation significative des pressions, pouvant induire un certain inconfort. Cependant, deux paramètres clés ont été identifiés : réduire la longueur de l'orthèse a permis d'augmenter le critère k sans beaucoup augmenter p; de la même manière, la tension des sangles s'est avérée avoir beaucoup d'effet sur p mais peu sur k.

Par ailleurs, nous avons pu utiliser une technique d'optimisation afin de trouver les points de la surface de réponse qui correspondaient aux orthèses les plus rigides mais ne dépassant pas un certain seuil de pression (Tableau II.5).

Les résultats obtenus ont également permis de dégager les deux mécanismes principaux participant à la rigidification de l'articulation : un effet de compression et un effet de transfert de force vers les embrases par les sangles (Figure II.10). Jouer sur ce deuxième mécanisme s'avère être la clé de l'augmentation de l'efficacité mécanique passive des orthèses sans en augmenter l'inconfort.

Cependant, l'indice k des orthèses de ce type, même optimisé, ne dépasse pas 8–10 N/mm. Comparé à une articulation lésée et saine, ce niveau d'action pourrait permettre de compenser un LCA rompu pour des déplacements antérieurs inférieurs à 5 mm (Figure II.11). Le comportement non linéaire du ligament fait qu'une fois entré dans sa zone de haute rigidité, l'apport des orthèses se trouve largement surpassé.

Les limites de cette étude numérique sont principalement liées d'une part à la restriction de l'indice k à l'effet mécanique purement passif de l'orthèse, et d'autre part à la cinématique de test simplifiée dont la représentativité d'une situation réelle d'instabilité est sujette à discussion. Cependant, les résultats ont pu mener à des recommandations pouvant s'avérer utiles aux cliniciens et aux industriels. De plus, le modèle numérique a été particulièrement profitable à la compréhension des différents mécanismes venant participer à l'effet rigidificateur ou perturber le transfert de force. La validation du comportement de l'orthèse pourra se faire en utilisant un membre inférieur instrumenté, et sera présentée au chapitre suivant.

Ce chapitre est à paraître dans le journal *Computer Methods in Biomechanics and Biomedical Engineering* (accepté, disponible en ligne), sous le titre "Evaluation of the mechanical efficiency of knee braces based on computational modeling".

Evaluation of the mechanical efficiency of knee braces based on computational modeling.

Baptiste Pierrat, Jérôme Molimard, Laurent Navarro, Stéphane Avril, Paul Calmels

Abstract

Knee orthotic devices are commonly prescribed by physicians and medical practitioners for preventive or therapeutic purposes on account of their claimed effect: joint stabilization and proprioceptive input. However, the force transfer mechanisms of these devices and their level of action remains controversial. The objectives of this work are to characterize the mechanical performance of conventional knee braces regarding their anti-drawer effect using a Finite Element Model of a braced lower limb. A design of experiment approach was used to quantify meaningful mechanical parameters related to the efficiency and discomfort tolerance of braces. Results show that the best tradeoff between efficiency and discomfort tolerance is obtained by adjusting the brace length or the strap tightening. Thanks to this computational analysis, novel brace designs can be evaluated for an optimal mechanical efficiency and a better compliance of the patient with the treatment.

Introduction

The knee is the largest joint in the body and supports high loads, up to several times the body weight. It is vulnerable to injury during sport activities and to degenerative conditions such as arthrosis. Various syndromes are associated with an increased knee laxity, leading to a functional instability (*i.e.* a 'wobbly' feeling). The anterior cruciate ligament (ACL) is the main postero-anterior (P-A) stabilizing structure, preventing the knee from an anterior drawer movement, for instance when walking upstairs (Vergis *et al.*, 1997). The ACL is involved in 24% of all knee injuries and 59% of ligamentous injuries (Bollen, 2000). In the United States,the annual incidence in the general population is approximately 1 in 3500 with 100 000 ACL reconstructions performed each year (Gordon et Steiner, 2004; Miyasaka *et al.*, 1991). These conditions are a huge burden on individuals and healthcare systems.

Knee braces or orthoses are commonly prescribed by physicians and medical practitioners for pathologies involving knee pain/laxity. This choice is related to their claimed mechanical effects but rely on very few assessments, from biomechanical studies to therapeutic trials (Thoumie *et al.*, 2001, 2002). Numerous action mechanisms have been proposed and investigated such as: proprioceptive improvements (Barrack *et al.*, 1989; Corrigan *et al.*, 1992; McNair *et al.*, 1996; Birmingham *et al.*, 2001; Thijs *et al.*, 2009), strain decrease on ligaments (Beynnon *et al.*, 1997;

Beynnon et Fleming, 1998; Fleming *et al.*, 2000; Hinterwimmer *et al.*, 2004), neuromuscular control enhancement (Osternig et Robertson, 1993; Ramsey *et al.*, 2003; Théoret et Lamontagne, 2006) and joint stiffness increase (Lunsford *et al.*, 1990). Other studies aimed to justify the use of knee orthoses in medical practice. These studies were reviewed by Paluska et McKeag (2000); Thoumie *et al.* (2001, 2002); Genty et Jardin (2004); Beaudreuil *et al.* (2009). The following conclusions can be drawn from the literature:

1. Mechanical/physiological effects have been emphasized, but these mechanisms have been poorly characterized.

2. Only a few high-level clinical studies exist, and the effectiveness of bracing versus no bracing on improving joint stability or reducing pain has not been conclusively demonstrated in practice.

Possible explanations of 1 having no perceptible effect on 2 are that: mechanical action levels are too low, or patients do not comply to the orthopædic treatment and do not wear enough the device due to comfort issues. What is more, subjective evaluations of patients highlight a large demand for these products; therefore, their efficiency is still widely discussed among medical experts.

As a consequence of these uncertainties, medical practitioners and manufacturers still lack a simple evaluation tool for knee orthoses. A French committee of experts highlighted this problem (Ribinik *et al.*, 2010) and stated that orthoses must be evaluated by taking both the mechanisms of action and the desired therapeutic effects into account. Mechanical actions of knee orthoses have been evaluated using experimental devices either on cadaveric knees (France et Paulos, 1990) or on surrogate limbs (Paulos *et al.*, 1987; France *et al.*, 1987; Cawley *et al.*, 1989; Lunsford *et al.*, 1990). However, the cadaveric knee method leads to unreliable results because of substantial scatter (anatomical, physiological and methodological variances); as for the surrogate method, phantoms consisted in mechanical parts mimicking the joint, thigh and leg on which a specific kinematics was simulated (drawer, pivot shift, lateral impact...), and instrumented with tensiometers in order to quantify the mechanical effects of a brace. These devices were poorly representative of a real human limb (skin and soft tissue behaviour). What is more, tests were conducted on very specific braces and do not allow to understand bracing mechanisms in general. Besides, these tests are far from accurate in reproducing the dynamical conditions of real movements (running, walking...). Finite Element (FE) analysis is a powerful tool when it comes to complex mechanical simulations and would definitely help to understand force transfer mechanisms and unveil the influence of different brace characteristics. To our knowledge, there is no published computational analysis of a brace/limb system, although it would answer most of the above concerns.

An original FE model approach has been developed and is presented in this paper. This model was built in agreement and cooperation with medical practitioners and orthotic manufacturers, in a tentative of linking design problems, brace ability to prevent a given pathology (ACL

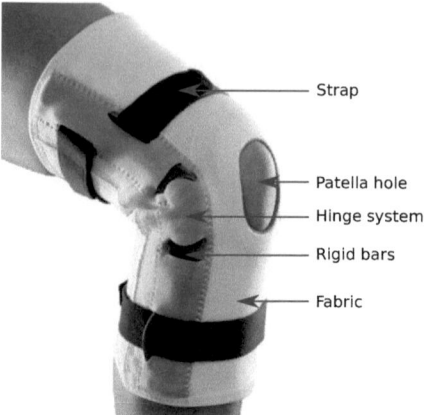

Figure II.1 – Usual mass-produced knee brace with product characteristics.

deficiency) and brace discomfort tolerance. Studies dealing with passive motion of the knee using Robotic Testing Systems (Woo *et al.*, 1998; Lujan *et al.*, 2007) reported that removing the ACL greatly increases anterior tibial translation and reduces internal tibia rotation under an anterior load; knee braces prescribed for this condition should compensate this laxity and stiffen the joint in this direction. An efficiency evaluation index reflecting this objective is needed.

As there is a huge variety of orthoses on the market, the focus was placed on manufactured knee braces, in opposition to individualized, custom-made orthotic devices. They are usually made of synthetic fabrics and may incorporate bilateral hinges and bars, straps, silicone anti-slipping pads and patella hole. A typical design of an usual brace is depicted in Figure II.1. Such braces are prescribed either for prophylactic or functional purposes (Thoumie *et al.*, 2001).

This paper is organized as follows. First, we will present the development of the FE model of a braced knee including the geometry, mesh, constitutive parameters and boundary conditions (BCs). Then we will explain how this tool has been used to assess the brace effectiveness against a drawer movement, using a design of experiment approach in order to account for various brace designs. Finally we will propose an optimization criterion to maximize the brace effectiveness while limiting discomfort tolerance issues.

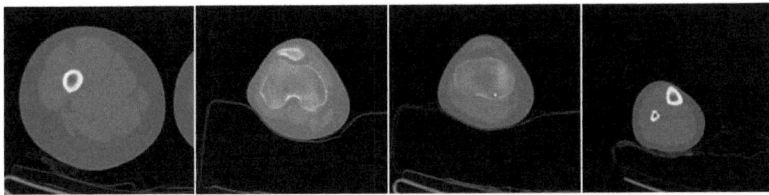

(a) Pet-CT scan slices from the thigh to the leg (left-right).

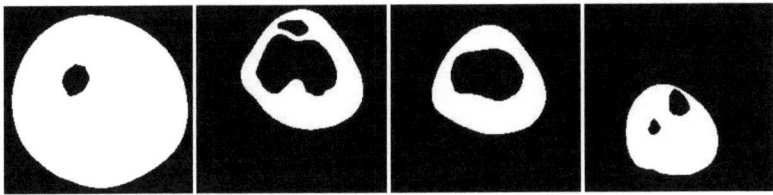

(b) Corresponding images after segmentation.

Figure II.2 – Illustration of the segmentation process.

II.1 Methods

II.1.a Finite element model of the braced knee

The model was developed under Abaqus® v6.10-2. It was built as a generic tool to understand the force transfer mechanisms between the rigid parts of the knee brace (hinged bars) and the joint (bones). The aim was to investigate how this force transfer is altered by the deformation of the brace fabric and the patient soft tissues on the one hand, and sliding phenomena at the interfaces on the other. To this end, some geometrical and mechanical parameters were considered as factors and their influence on the global response were characterized.

The deformable limb

Geometry. 3D geometry of the human lower limb was obtained from a whole body PET-CT (Positron Emission Tomography - Computed Tomography) scan. This scan comes from an online DICOM sample image sets (Melanix, 2012). The DICOM data states that the subject is a 34 year old female. The lower body consisted of about 500 slices of thickness 2 mm, and size 512×512 pixels with 0.98 mm/pixel resolution. A limb was cropped and segmented using the software ImageJ (Schneider *et al.*, 2012). Segmentation was performed by thresholding, resulting in one material identified as soft tissues after removal of bones areas and skin, as depicted in Figure II.2.

II.1 Methods

A fine 3D mesh of the segmented stack was imported in Rhinoceros® v4.0 for surface reconstruction. Finally, surfaces were imported in Abaqus® in order to control mesh generation from this software. Skin was generated by offsetting the external boundary of the soft tissue part, resulting in a separate layer of thickness 1 mm (Evans et Holt, 2009). The thigh was separated from the leg in order to get two separate parts as seen in Figure II.3. This last step was done in order to avoid any internal knee stiffness and in a concern of modelling knee kinematics without convergence problems due to the high deformation of elements in the centre knee area. Patella was modelled as a separate shell part. Finally, the limb was scaled in order to reach the dimensions of a median French male limb (IFTH, 2006): circumference at the knee: 38 cm; 15 cm above the knee: 49.3 cm; 15 cm below the knee: 36.2 cm. The resulting parts can be seen in the exploded view of the assembly in Figure II.3. It is noteworthy that the limb is not fully extended, it is slightly bent with an angle of 20°.

Mesh. Soft tissues of the thigh and leg were respectively meshed with 37 572 and 22 627 reduced linear hexahedral elements of type C3D8R (Simulia, 2010) using a custom meshing algorithm written in Python® allowing a finer mesh at the skin interface and a coarser mesh around the bones. During this step the bone geometry was simplified. The patella was meshed with shell elements: 714 reduced linear quadrilateral elements of type S4R and 26 reduced linear triangular elements of type S3R (Simulia, 2010). The skin was meshed with 22 648 linear hexahedral elements of type C3D8 (Simulia, 2010) using an offset algorithm, with two elements in the thickness. The resulting meshes are depicted in Figure II.3.

Materials. The soft tissue material was defined as homogeneous, isotropic, quasi-incompressible and hyper-elastic. A Neo-Hookean strain energy function was used (Linder-Ganz et al., 2007; Avril et al., 2010; Dubuis et al., 2011). This function may be written:

$$W = \frac{G}{2}(\overline{I_1} - 3) + \frac{K}{2}(J - 1)^2 \tag{II.1}$$

where G and K are the material parameters, $\overline{I_1} = Tr(\overline{\mathbf{F}}.\overline{\mathbf{F}}^t)$ is the first deviatoric strain invariant, $J = det(\mathbf{F})$ the volume ratio, $\mathbf{F}$ the deformation gradient, $\overline{\mathbf{F}} = J^{-1/3}\mathbf{F}$ the deviatoric part of the deformation gradient and Tr the trace of a matrix. The constitutive properties represent the homogenized properties of muscles, fat, tendons and fascias. Values for G have already been identified for the leg for both passive muscles ($G = 5$ kPa) by Dubuis et al. (2011) and contracted muscles ($G = 400$ kPa) by Iivarinen et al. (2011). Soft tissue stiffness was considered as a parameter in the model to account for passive/active muscles. K was set such as $K = 100G$ in order to have a quasi-incompressible material (corresponding to an initial Poisson's ratio of 0.49). Bones were modeled as rigid bodies by fixing the surface nodes. The skin material was defined as homogeneous, isotropic, quasi-incompressible and hyper-elastic. An Ogden strain energy function was used (Evans et Holt, 2009; Flynn et al., 2010). This function

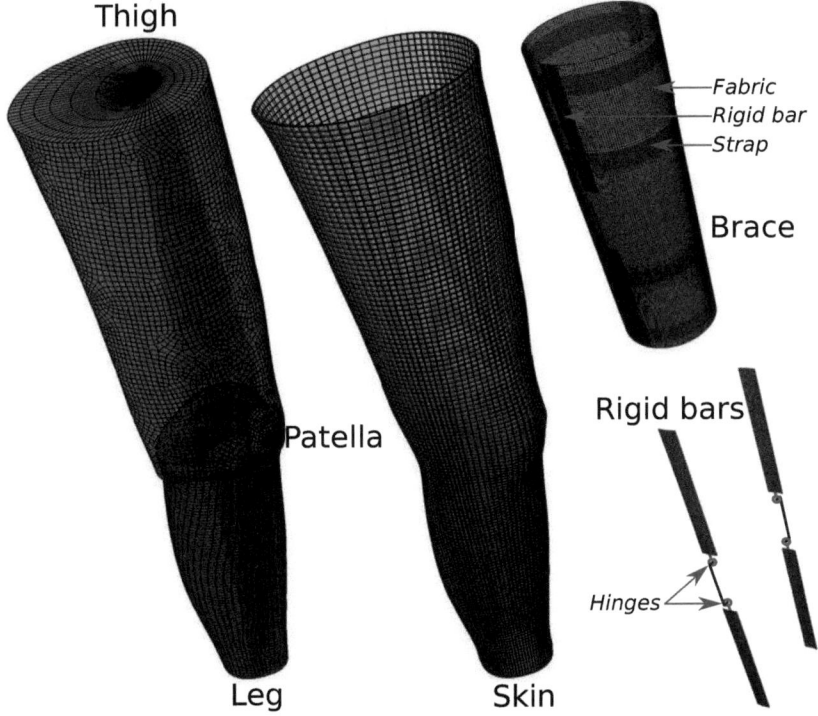

Figure II.3 – Exploded view of the different meshed parts constituting the deformable limb (thigh, leg, patella, skin layer) and the brace with a detail on the hinged rigid bars only.

II.1 Methods

may be written:

$$W = \frac{2\mu}{\alpha^2}(\overline{\lambda}_1^\alpha + \overline{\lambda}_2^\alpha + \overline{\lambda}_3^\alpha) + \frac{K}{2}(J-1)^2 \tag{II.2}$$

where α, μ and K are the constitutive parameters, $\overline{\lambda}_i = J^{-1/3}\lambda_i$ are the deviatoric principal stretches, λ_i the principal stretches, $J = det(\mathbf{F})$ the volume ratio and $\mathbf{F}$ the deformation gradient. Values of α and μ have been identified by Evans et Holt (2009) on the forearm. μ was set to 130 Pa, α to 26 and K to 6.5 kPa. Evans et Holt (2009) also identified an initial strain of 0.2, so a corresponding pre-stress of 1.35 kPa was applied in circumferential and longitudinal directions of the skin at the start of the analysis.

The orthosis

Geometry. Geometry of the orthosis was designed from determination of the mechanically important features of usual existing braces. The identified features, as depicted in Figure II.1, are:

- Three metal bars on each side.
- An articulated system between bars consisting of two hinges on each side with a blocking feature to prevent hyper-extension.
- A polymeric textile with identified orientations.
- Fitting straps made of a different, stiffer textile.

The orthosis was generated as a slightly conical cylinder. Different regions were defined on the part: brace fabric, rigid bars and straps (Figure II.3), each of which was assigned different mechanical properties. Rigid bars were connected using hinge connectors (Simulia, 2010) with a blocking feature, allowing them to pivot with the joint but blocking them in hyper-extension. An assumption was made that a patella hole, which is a circular opening above the patella area, as seen in Figure II.1, has not a significant mechanical effect on the brace stiffness, hence the choice not to model it. The resulting brace model is reported in Figure II.3. The size (cylinder circumference) and length (cylinder height) of the brace were considered as parameters in the model.

Mesh. The orthosis was meshed with reduced linear quadrilateral shell elements of type S4R (Simulia, 2010). The number of elements varied from 14 790 to 43 690 depending on the length of the brace.

Materials. Mechanical behaviour of fabric has been already successfully modelled using shell elements (Yu et al., 2000). The material was defined as homogeneous, orthotropic and linear elastic. The constitutive equations, written in vectorial form, are:

$$\begin{pmatrix} N_{11} \\ N_{22} \\ N_{12} \end{pmatrix} = \begin{pmatrix} \frac{E_1}{1-\nu_{12}\nu_{21}} & \frac{\nu_{21}E_1}{1-\nu_{12}\nu_{21}} & 0 \\ \frac{\nu_{12}E_2}{1-\nu_{12}\nu_{21}} & \frac{E_2}{1-\nu_{12}\nu_{21}} & 0 \\ 0 & 0 & G_{12} \end{pmatrix} \begin{pmatrix} \varepsilon_{11} \\ \varepsilon_{22} \\ 2\varepsilon_{12} \end{pmatrix} \tag{II.3}$$

Feature	$E_1 = E_2$ (N/m)	G_{12} (N/m)	$\nu_{12} = \nu_{21}$	$F_1 = F_2$ (N m)	τ_{12} (N m)	$\mu_1 = \mu_2$
Brace	[5000; 20 000]	$E_1/3$	0	$f(E_1)^*$	$F_1/3$	0
Straps	26 400	9100	0.45	10^{-3}	0.5×10^{-3}	0

$^* f(E_1) = 2.37 \times 10^{-4} \log(E_1) - 1.415 \times 10^{-3}$ (from mechanical characterization)

Table II.1 – Mechanical properties of brace and strap fabrics.

and

$$\begin{pmatrix} M_{11} \\ M_{22} \\ M_{12} \end{pmatrix} = \begin{pmatrix} F_1 & \mu_2 F_1 & 0 \\ \mu_1 F_2 & F_2 & 0 \\ 0 & 0 & \tau_{12} \end{pmatrix} \begin{pmatrix} \kappa_{11} \\ \kappa_{22} \\ 2\kappa_{12} \end{pmatrix} \quad (II.4)$$

where N_{ij} and M_{ij} are the tensions and bending moments of the fabric, ε_{ij} and κ_{ij} the strains and bending strains, E_i the tensile rigidities, G_{12} the shear rigidity, ν_{ij} the Poisson's ratios, F_i the bending rigidities, τ_{12} the torsional rigidity and μ_i parameters analogous to Poisson's ratios. Subscripts 1 and 2 represent the longitudinal and circumferential directions of the brace cylinder and the directions along and across the straps respectively.

Tensile rigidities, shear rigidity and Poisson's ratios were obtained from unidirectional and off-axis tensile tests on an Instron® machine at speeds of 50 mm/min on 40 × 20 mm fabric samples. The linear elasticity assumption was judged reasonable from tensile tests for strains ≤40%. Bending rigidities were measured using a KES-F (Kawabata Evaluation System for Fabrics) device (Yu et al., 2000; Wu et al., 2003). Samples were taken from four commercially available orthoses and their straps. Fabric stiffness was considered as a parameter in the model. In order to reduce the number of parameters and based on measured properties, only E_1 varied and the other properties were derived as reported in Table II.1. The strap properties were consistent among braces and are provided in Table II.1.

The bars were modelled as rigid, considering the fact that they are usually made of 2 mm thick aluminium.

Interfaces

A basic Coulomb friction model was used for the orthosis/skin and skin/soft tissues interactions in which contact pressure is linearly related to the equivalent shear stress with a constant friction coefficient μ. Values of μ for different fabric/skin systems are available in the literature, averaging 0.7 for Spenco® (Sanders et al., 1998), or ranging from 0.3 (Teflon®) to 0.43 (cotton and polyester) (Gerhardt et al., 2009).

Concerning the skin/soft tissues contact, the choice of modelling skin as a separate layer comes from a preliminary study, in which the effect of in-plane pulling of the skin on an area 10 cm above the knee was observed by ultrasound (Aixplorer® system with auto time gain compensation mode). A 10 N traction was performed using duct tape and displacements of the skin and underlying structures were observed in the sagittal plane (II.4a). The PIV

II.1 Methods

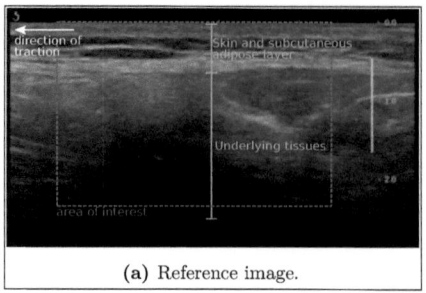

(a) Reference image.

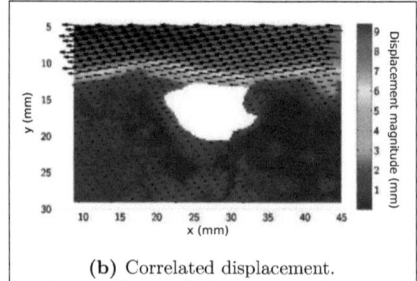

(b) Correlated displacement.

Figure II.4 – (a) Reference image in the sagittal plane as observed by ultrasound. Scale is in cm. (b) Correlated displacement in the area of interest after a 10 N pull of the skin. The white area correspond to a place where the correlation process failed. Scale of the arrows is 1/5.

(Particle Image Velocimetry) ImageJ plugin (Schneider *et al.*, 2012; Tseng, 2011) was used on 1166×666 pixels images with successive interrogation window sizes of 160×160; 100×100; 70×70 pixels to compute the displacement field (II.4b), showing a very narrow gliding plane between the skin/fat and underlying structures. From the work of Guimberteau *et al.* (2005), who described this interface, it is probable that modelling a separate layer is a good approximation of this mechanical behaviour, as long as slipping magnitudes are relatively small ($\sim$1 cm in the case of these observations). No data was found in the literature for friction coefficient measurements of this interface, but a value of 0.1 was chosen from measurements of this coefficient between tendons and the structures over which they slide (Albin, 1987). Skin was attached to soft tissues at the top and bottom of the limb.

No contact was defined between the thigh and leg.

Analysis steps and BCs

A quasi-static analysis was performed using the Explicit solver (Simulia, 2010) in order to solve significant discontinuities (fabric creases, contacts). Time scale and material density were carefully chosen to prevent dynamic effects (kinetic energy was much inferior to external work). The simulation consisted in three steps:

1. A displacement field was applied to the brace to enlarge it and make it fit at the right place around the joint. The pre-stress was applied to the skin.
2. Contacts were activated, previously applied displacements were released in order to let the brace compress the limb and reach the mechanical equilibrium; bones were fixed; the straps were pre-stressed to simulate a real fitting (this pre-stress was considered as a parameter).
3. A joint kinematics was imposed on the tibia/fibula, in this case a 1-DOF (Degree Of Freedom) P-A drawer of magnitude 20 mm; femur and patella were fixed.

Chapitre II. ÉTUDE NUMÉRIQUE PAR ÉLÉMENTS FINIS

Factor name	Description	Domain
Soft tissue stiffness	Neo-Hookean parameter G for passive/contracted soft tissues of the limb, as described in Section II.1.a	5|400 kPa [a]
Brace size	Brace cylinder circumference at the knee, as described in Section II.1.a	28–38 cm [b]
Brace length	Brace cylinder height, as described in Section II.1.a	17|34|51 cm [a]
Fabric stiffness	Single parameter to account for brace fabric stiffness, as described in Section II.1.a	0.5–2 kN/m [b]
Brace/skin friction coef.	Orthosis/skin Coulomb friction coefficient, as described in Section II.1.a	0.1–1 [b]
Initial strap tightening	Initial strain along strap to account for strap tightening, as described in Section II.1.a	5–15 % [b]

[a] Discrete factor
[b] Continuous factor

Table II.2 – Selected model factors with their domains.

II.1.b   Design of experiment approach

In order to study the influence of several mechanical and geometrical parameters of the brace/limb system, a design of experiment technique was used. It consists in selecting relevant parameters, choosing a plausible domain for each of them, using a sampling method to pick the different experimental points, run the analyses, choose one or several output data, extract the outputs from the analyses and build one or several response surfaces from these output data.

Parameter screening and domain selection

The basic ideas, terminology and techniques of design of experiments was explained by Goupy (2007). Six parameters, or factors, were selected. Definition of these factors and the selected domains are reported in Table II.2.

Soft tissue stiffness was used as a 2-level factor to reproduce the passive/contracted stiffness of the limb. As a consequence, it involves the following approximations: the contracted limb has the same geometry than the passive limb and the stiffness increase is homogeneous and isotropic. This factor is preponderant compared to inter-individual stiffness variability as there is a factor 80 between passive and active muscles. The brace circumference domain is justified as the indicated brace size for the limb (manufacturer's size table) ± 1 size. Brace length is usually consistent between brace manufacturers but no scientific argument supports this choice. It corresponds to the intermediate value of our 3-level factor (34 cm). The lower level is supposed to be the minimum length to tighten the straps above and below the joint (17 cm), and the upper level is 51 cm. Fabric stiffness was slightly extrapolated from mechanical characterization:

II.1 Methods

usual braces are made with fabrics of stiffness usually comprised between 0.5 and 1.5 kN/m. The orthosis/skin friction coefficient ranged from 0.1 to 1 (see Section II.1.a). This factor domain would need to be supported by tribological characterization of different fabric/skin interfaces with and without anti-sliding features. Finally, initial strap tightening ranged between 5 and 15%. The lower value of its domain is just enough to contact the skin without applying a significant pressure while the higher value roughly corresponds to highly tightened straps on a subject with a similar brace.

Sampling method

The use of Latin hypercube for efficient sampling has been described by Olsson *et al.* (2003). This sampling method corresponds to the generalization of Latin squares in multiple dimensions. It allows variance reduction by partitioning the input factor space into equal probability disjoint sets. This method was first introduced in 1979 by McKay *et al.* (1979). It was chosen in a concern of finding a good balance between total computational time and study domain coverage. The principle of Latin hypercubes is to partition a space of n factors into m^n parts, each factor being divided into m equally probable intervals. Then, m samples are taken in the n dimensions space so that only one division of each factor contains one sample. Stratified Latin hypercube is a special type of Latin hypercube in which discrete factors are allowed (MathWorks, 2011). The choice of the stratified Latin hypercube was done because two of the six factors are discrete. Variables were centred around 0 and scaled to a $[-1; 1]$ interval, resulting in coded variables. There are several methods used to construct the Latin hypercube, we chose the minimizing of the Root Mean Square (RMS) variation of the cumulative distribution function in order to obtain a smooth distribution. This sampling resulted in a factor matrix $\mathbf{X}$ of $n = 6$ columns and $m = 100$ rows with an average shortest distance between points of 0.72 ± 0.23.

Responses

Two different responses were studied: the stabilizing effect of the brace along the P-A movement and the pressures on the skin. The relevance of these indexes will be discussed in Section II.3.a. Calculations were performed with Matlab®.

Joint stiffening. The response of the limb only was computed thanks to a simulation without bracing and subtracted from the braced limb responses in order to get rid of the skin stiffness contribution. A typical response of the reaction force of the tibia along the P-A direction as a function of the applied P-A drawer magnitude is depicted in Figure II.5. The analysis yielded minor damping effects due to the Explicit solver. These oscillations were filtered by a quadratic regression. In all cases, responses were nicely fitted by this kind of polynomial. Finally, the sagittal-plane shear stiffness of the orthosis was calculated as the slope of the 2nd order polynomial at a displacement of 5 mm (see Figure II.5). Eagar *et al.* (2001) showed that the typical load-displacement curve of a knee exhibits a low stiffness region followed by a high

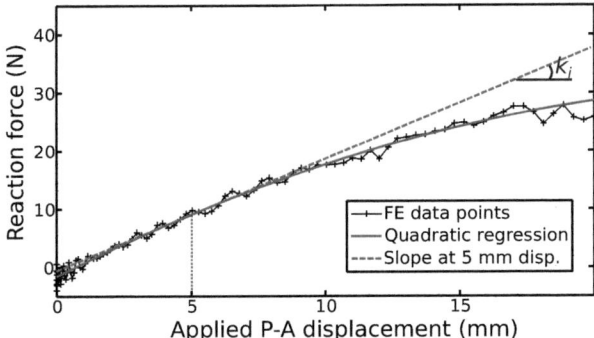

Figure II.5 – Reaction force of the tibia along the P-A direction vs. applied P-A drawer magnitude to determine k.

stiffness region. This transition appeared at a displacement of ∼5 mm and is caused by the tension of passive structures, especially the ACL. The k index is related to this behaviour. This index was calculated for the 100 simulations resulting in a response vector $\boldsymbol{k} = \{k_1, k_2, ..., k_{100}\}$.

Pressure distribution. The pressure field applied by the brace on the skin elements was extracted and the mean pressure was computed. This discomfort tolerance index was calculated for the 100 simulations resulting in a response vector $\boldsymbol{p} = \{p_1, p_2, ..., p_{100}\}$. Although the pressure field was not uniform, the mean pressure was chosen over the maximum pressure because a global index was judged more reliable than local maxima, which might be influenced by element size and numerical singularities.

Response surfaces

6-dimensional response surfaces f and g respectively express stiffness and discomfort tolerance indexes $\boldsymbol{k}$ and $\boldsymbol{p}$ as a function of the factor matrix $\mathbf{X}$:

$$\boldsymbol{k} = f(\mathbf{X}) + \boldsymbol{\varepsilon_k} \\ \boldsymbol{p} = g(\mathbf{X}) + \boldsymbol{\varepsilon_p} \quad (\text{II}.5)$$

$\boldsymbol{\varepsilon}_k$ and $\boldsymbol{\varepsilon}_p$ are the residuals due to the lack of fit, depending on the fitting accuracy of chosen functions f and g.

Different functions f and g were fitted on the simulated data. A first degree polynomial response (6 linear coefficients + 1 constant term) was primarily fitted with a multi-dimensional linear regression method. Each polynomial coefficient is the partial derivative of the response with respect to a factor, thus it represents the global influence of this factor on the studied response. Then a second degree polynomial response with full interactions (6 linear coefficients + 21 quadratic coefficients + 1 constant term) was fitted to study the level of interactions between factors. Finally, an interpolation was performed thanks to a sum of radial basis functions

(RBFs), as described in MathWorks (2011). This function matches values of all data points and interpolates between them, hence residuals are equal to zero. A multiquadratic base was used. The obtained fit functions f_{rbf} and g_{rbf} were used to perform a parameter optimization.

Different statistical methods were used to assess the fitting accuracy. The Root Mean Squared Error (RMSE) and the Predicted Residual Sum of Squares Root Mean Square Prediction Error (PRESS RMSE) were calculated for the linear and quadratic regressions. A Fisher's test was applied on the quantity defined as the ratio of Mean Square of Regression (MSR) to Mean Square Error (MSE) in order to test the overall model significance. A Student's test was applied to each coefficients in the model to test their individual significance.

Design optimization

Thanks to both index response surfaces interpolated with RBFs, it is possible to compute a brace design for which parameters would be optimised to maximize the stiffness index while minimizing the discomfort tolerance index. With this in mind, a tolerance threshold was set to various values to investigate the optimal brace design corresponding to a discomfort tolerance level. A genetic algorithm (MathWorks, 2011) was used in Matlab® with enough runs to ensure a global minimization. The fitness function to maximize was set to f_{rbf} and a non-linear constraint function was chosen such as $g_{\text{rbf}} \leq p_t$ with p_t a given mean pressure tolerance threshold.

II.2 Results

II.2.a Exploratory FE results

A single FE analysis completed in about 6 hours on 8 CPUs at 2.4 Ghz. All 100 simulations were completed successfully. The mechanical equilibrium was checked by observing energy quantities to verify that dynamic effects had dampened out. Because of the various factor values that were simulated, no general results can be given. Instead two extreme cases were selected: simulations A and B yield the highest and lowest stiffness indexes respectively. The characteristics of these simulations are reported in Table II.3.

Reaction forces

The response curves of both these simulations are reported in Figure II.6. Not only did simulation A exhibit a higher stiffness index, it also had a high reaction force at zero displacement. This means that this brace alters the natural resting position of the joint. This behaviour was observed for some high k index simulations. What is more, a reaction force drop can be noticed at 15 mm for this brace. A deeper analysis of the results showed a stick-and-slip behaviour: a mechanical discontinuity (balance between normal and tangential forces) suddenly allowed the brace to slip where it previously adhered to the skin, leading to a sudden mechanical efficiency loss.

	Simulation A	Simulation B
k index value (N/mm)	10.9	0.58
p index value (kPa)	23.5	0.79
Soft tissue stiffness (kPa)	400	5
Brace circumference (cm)	30.1	37.7
Brace height (cm)	17	51
Fabric stiffness (kN/m)	2.00	0.96
Friction coefficient (-)	0.26	0.84
Initial strap strain (%)	14	5

Table II.3 – Characteristics of simulations A and B.

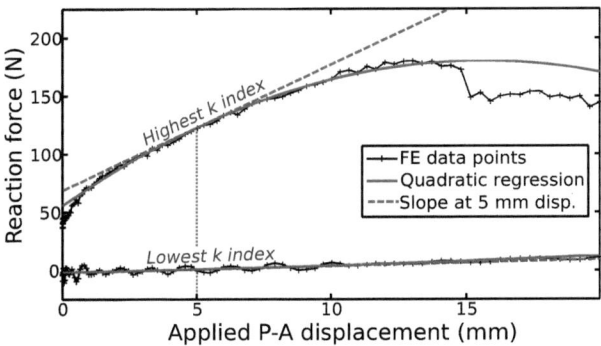

Figure II.6 – Reaction force of the tibia along the P-A direction vs. applied P-A drawer: joint stabilizing effect of simulations A and B (maximum and minimum stiffness indexes). The response of the limb only has been subtracted.

Sim.	Direction	Strain (%) at the end of fitting step: mean (min/max)	Strain (%) at the end of drawer step: mean (min/max)
A	Long.	0.13 (-12/20)	3.9 (-21/29)
	Circ.	22 (7.8/39)	24 (6.6/39)
	Shear	-0.39 (-17/11)	-0.33 (-21/14)
B	Long.	0.35 (-2.7/8.8)	0.4 (-5.6/8.6)
	Circ.	2.2 (3.9/11)	2.4 (-3.8/14.8)
	Shear	-0.13 (-7.4/7.3)	-0.15 (-8.8/9.1)

Table II.4 – Fabric strain results for simulations A and B.

Strains

Strain results in the fabric are reported in Table II.4. For simulation A, the fabric strain was quite high in the circumferential direction after the fitting step due to the small initial circumference of the brace. However the fabric deformed mainly in the longitudinal direction during the drawer step. Some creases appeared on the brace fabric in the popliteal area (behind the joint) for simulation B due to the buckling of shell elements under compressive forces. These creases are usually observed on real braces in this region. A higher compression of soft tissues observable on real braces at the brace/limb interfaces and under the straps was also observed in these FE results. Skin did not deform much during the fitting step: compressive logarithmic strains of 20–30 % were located underneath the brace for simulation A and 10–20 % in the patella area for simulation B.

Contact pressure

A very inhomogeneous pressure distribution was observed for both simulations, as depicted in Figure II.7. Concerning simulation A, very high local pressures were located underneath the straps and the rigid bars. Such high values (mean pressure of 23.5 kPa and local values up to 398 kPa) would probably lead to serious discomfort. This is why the brace from simulation A, although very efficient for preventing a drawer, is not an acceptable design. Here lies the interest of the parametric study and the optimization of a effective brace design which does not apply too high pressure. Simulation B exhibited lower pressures. Maximum local pressures were located on the patella, the tibia area and below the rigid bars, but their magnitudes were considerably lower than simulation A (mean pressure of 0.79 kPa and local values up to 8.61 kPa). Large areas were even not in contact with the brace due to its low tightening.

Interface sliding

The skin/soft tissues interface exhibited substantial sliding in our simulations. After the drawer step, sliding magnitudes reached about 1.5 cm in the area around the thigh and leg for tight, short braces on contracted limbs. The brace also moved relative to the skin for such

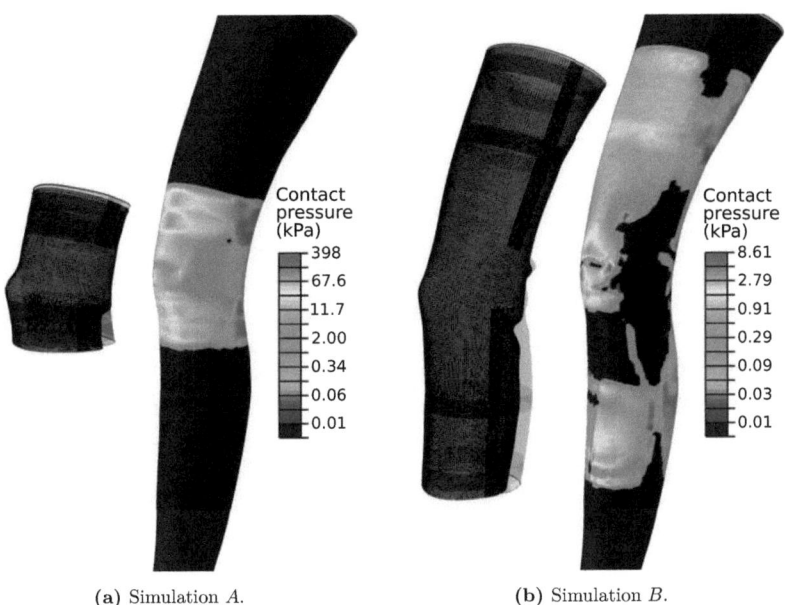

(a) Simulation A. (b) Simulation B.

Figure II.7 – Deformed brace mesh after the drawer step (shape before drawer in overlay) and pressure map on the surface of the skin for both simulations (log. scale).

braces with a magnitude of ~2 cm in the same area, but this sliding was much more localized in the popliteal area within the thigh/leg interface area and the brace adhered everywhere else.

II.2.b Design of experiments and optimization results

The (mean ± st. dev.) k value for all the simulations was (3.18 ± 2.22) N/mm. Maximum and minimum values were 10.9 and 0.58 N/mm. p values averaged (6.63 ± 4.45) kPa with maximum and minimum values of 23.5 and 0.72 kPa. In all cases, the overall model significance was higher than 0.99.

Linear regression

The linear regression with 7 terms exhibited a RMSE of 1.25 N/mm and a PRESS RMSE of 1.31 N/mm for the stiffness index, a RMSE of 2.09 kPa and a PRESS RMSE of 2.20 kPa for the discomfort tolerance index.

The computed polynomial coefficients for both responses are represented in Figure II.8. Each coefficient is representative of the influence of a factor on the overall response. For example, by increasing the fabric stiffness of 1 in the coded space (*i.e.* 0.75 kN/m), the brace reaction to a drawer is expected to increase of 0.95 N/mm and the mean pressure of 1.91 kPa. Surprisingly, the brace length was found to be the most influential factor for joint stiffening, and in favour of the small brace. The most influential parameter for the p-response was the strap tightening. The friction coefficient had a relatively low influence on both responses. Comparing the influence of each coefficient on both responses, it was found that increasing the k-index of 1 N/mm lead to an increase of the p-index of about 2 kPa. This finding is valid when changing the soft tissue stiffness, the brace size and the fabric stiffness. Increasing the friction coefficient allowed to increase the k-index without significantly increasing the mean pressure, but only to a small extent. However, the brace length and strap tightening were found to be key parameters because they gave strong leverage on an index but not much on the other.

Quadratic regression

Concerning the quadratic regression, the terms which turned out to be insignificant (p<0.95) were removed. For the stiffness index, 15 terms were retained. The regression had a RMSE of 0.58 N/mm and a PRESS RMSE of 0.64 N/mm. For the discomfort tolerance index, 20 terms were retained, resulting in a RMSE of 0.59 kPa and a PRESS RMSE of 0.70 kPa. The computed coefficients are represented in Figure II.9. Colour intensities show the influence of each term, therefore the interaction levels between parameters can be easily visualized. This revealed that some terms interact strongly. For the k-response, soft tissue stiffness with brace length and strap tightening with brace length had the higher interaction coefficients. The quadratic term associated with brace length was also high, indicating a strongly non-linear response. For the

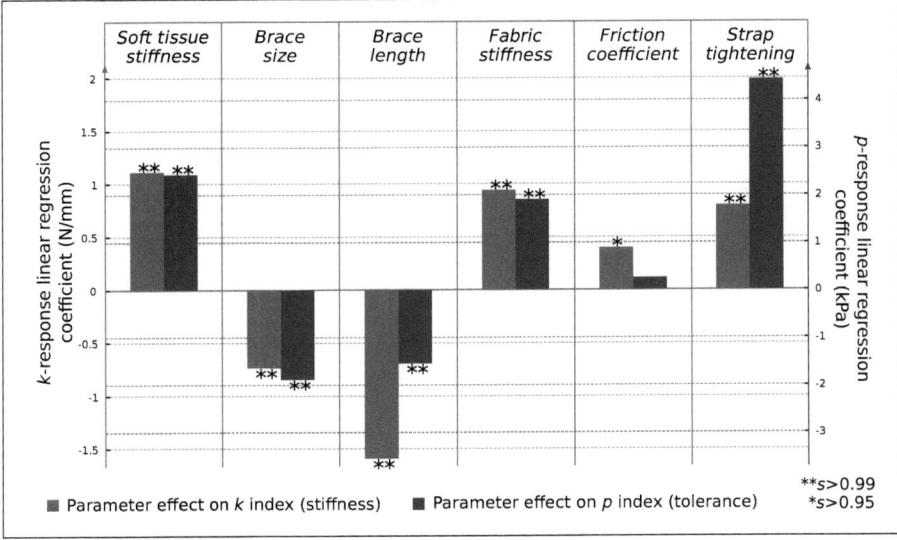

Figure II.8 – Coefficient values for the linear regression on both responses in the coded space. s stands for significance.

p-response, soft tissue stiffness with strap tightening and strap tightening with brace length had the higher interaction coefficients.

Brace optimization

The exploitation of these results naturally leads to an optimization of the brace design in order to maximize the k index without exceeding a certain pressure threshold. As the soft tissue stiffness is a patient-related parameter, the design was separated between two half-planes, resulting in two responses for each index: first an optimised brace for a passive limb, then an optimised brace for a contracted limb. Finally, it was hypothesized that a compromise could be reached for a brace that applies low pressures during muscle rest and a maximized joint stabilization during muscle contraction, for instance during the stance phase of gait. The results of these optimizations are reported in Table II.5.

It is noteworthy that the indicated brace size (33 cm) for this limb in the manufacturer's size table was found to be close to optimal values. Fabric stiffness was found to be a parameter that should be maximized. Finally, strap tightening appeared to be a very efficient parameter to navigate between different pressure thresholds.

II.2 Results

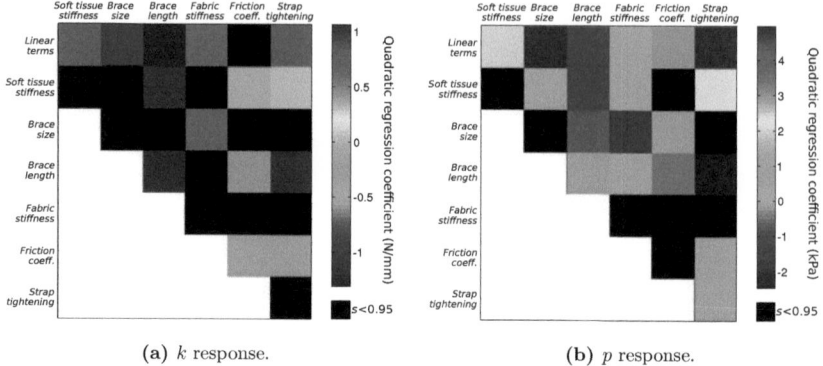

(a) k response.　　　(b) p response.

Figure II.9 – Coefficient values for the quadratic regression on both responses in the coded space (graphic representation of the interaction matrices). s stands for significance.

	Passive limb			Active limb			Compromise		
Passive p value (kPa)	3[a]	4[a]	5[a]	-	-	-	3[a]	4[a]	5[a]
Passive k value (N/mm)	2.83[b]	3.21[b]	3.54[b]	-	-	-	2.79	3.17	3.49
Active p value (kPa)	-	-	-	3[a]	4[a]	5[a]	8.34	9.53	10.59
Active k value (N/mm)	-	-	-	6.42[b]	6.90[b]	7.41[b]	6.82[b]	9.22[b]	11.65[b]
Brace circumference (cm)	32.9	31.9	31.1	33.5	34.0	33.8	33.7	32.7	31.9
Brace height (cm)	17	17	17	17	17	17	17	17	17
Fabric stiffness (kN/m)	1.98	1.96	1.96	2	2	2	2	2	2
Friction coefficient (-)	0.48	0.45	0.42	0.93	0.76	0.70	0.60	0.58	0.56
Initial strap strain (%)	7.5	8.5	9.4	5.5	6.3	6.9	7.9	8.9	9.9

[a] Threshold not to be exceeded
[b] Maximized index

Table II.5 – Characteristics of optimised braces.

II.3 Discussion

II.3.a Methodological justifications

Finite element model

The proposed finite element model of the deformable limb is not patient-specific, it is a generic model representative of a median male lower limb. Some studies in the literature highlight the importance of patient-specific geometry and mechanical properties for biomechanical studies. For example, Dubuis (2011) showed a significant inter-subject variability of pressure levels applied by elastic compression. Even if it has not been demonstrated, it is highly probable that several patient-specific factors influence the mechanical response of the brace-limb system such as mechanical properties of the different limb constituents (skin, soft tissues) as well as the thickness of adipose tissue or the geometry of the limb itself. The same remark is valid for the finite element brace. It is mechanically representative of usual commercially available braces but some specificities are missing. For instance, most braces have a patella opening with a silicon ring. In view of simplification, this feature was not implemented in this model. It is designed to enhance the flexural behaviour of the brace during knee bending. It requires further investigation to confirm that a patella opening has a limited mechanical effect on both indexes. Nevertheless, the purpose of this work is not to compute the actual response of a particular brace-limb system, but to understand the general mechanisms governing force transfers. In that way, the developed generic model is representative of a median limb with a general brace and is perfectly suited for exploratory biomechanical investigation.

Concerning the interfaces, the model allows skin sliding on underlying tissues and brace sliding on skin. The latter phenomenon leads to brace migration, it is problematic for patients and well known in clinical practice (rehabilitation and sport). Industrialists have tried to limit this sliding by attaching adhesive silicon pads at some places inside the brace. These pads were not modelled as such, but changing the global orthosis/skin friction coefficient accounted for this feature. This study shows that they have a limited impact on both responses, but still it appeared that it allowed to gain little efficiency without altering the mean pressure (Figure II.8). However these pads are essentially meant to prevent sliding during knee bending and in dynamic conditions (van Leerdam, 2006). As for the skin/soft tissues interface, it must be emphasized that there is a strong lack of mechanical data in the literature. This interface would probably exhibit a more complex behaviour than a basic isotropic quasi-frictionless Coulomb friction model, but our model is a good approximation for low sliding magnitudes, which is the case in most areas.

It was chosen not to model the intra-articular joint elements (cartilage, ligaments...) because this would be computationally expensive and the goal was to study the effect of braces on the joint stiffening and not on inner structures. This is why a simple translation was applied as a

BC to approximate the motion of a real ACL-deficient joint instability. This kinematics may also be subject to discussion. Christel *et al.* (2012) investigated the actual kinematics during an anterior translation caused by the Lachman test; they showed that a complete removal of the ACL resulted in almost pure tibial translation. Lujan *et al.* (2007) suggested that the ACL encourages internal rotation by "unwinding" during anterior translation. The choice of constraining the DOFs and allowing only anterior tibial translation was made to reproduce a injured kinematics; it will thus be possible to compare previous and future results with this study, as it is a standard test in the medical field to assess knee stability after an ACL rupture (cadaveric studies, Lachman test, arthrometers such as the KT-1000, etc...). What is more, it has the advantage of being numerically much more stable.

Finally, another strong assumption of the model is the quasi-static analysis. Knee instabilities are often characterized by a rapid motion of one segment with respect to the other. The dynamic response of the brace-limb system may be slightly different from the quasi-static response. The textile used for braces often includes a high ratio of synthetic fibres, which exhibit a viscoelatic behaviour, as do body tissues. However, the factor domains cover the eventual stiffness increase of materials for rapid solicitation. Dynamic forces induced by acceleration have almost no effect on the brace because of its low mass. The quasi-static approach is then an appropriate approximation.

Design of experiment

The method of design of experiment is a solid approach to investigate the influence of each factor, however the results are dependent of the choice to include or not a factor, and of the chosen domains. The number of investigated factors was first dictated by the maximum number of simulations that could be performed in a reasonable amount of time. Several factors were omitted either in a concern of simplification (influence of a patella opening, of brace misalignment, of fabric anisotropy and of patient specific factors) or because they were thought to have low mechanical impact on the studied responses (effect of helical straps, strap stiffness, and of the articulation system linking bars).

All these factors proved to interact strongly for both responses, as seen in Figure II.9. This means that the linear regression is only a rough approximation of the responses, as shown by the RMSEs. However it is easy to interpret, as each coefficient value is the overall effect of the corresponding factor. The quadratic regression is a highly accurate response, the RMSEs are relatively low. As some parameters are aliased, it is more complicated to physically explain each polynomial factor. Concerning the interpolation by radial basis functions, it passes through all test points so the RMSE is zero. But this does not mean that it would predict the responses of a new simulation without error, because the distance between test points is quite large compared to the size of the domain. This is especially true at the borders of the domain where the functions are extrapolated. This is why a validation test was performed to predict the response of two optimised braces from Table II.5. The first is the brace for a passive limb with a pressure threshold of 4 kPa, with a predicted k value of 3.21 N/mm. A FE analysis of this parameter set yielded a p value of 4.12 kPa and a k value of 3.27 N/mm (errors of 3 and 2 %). The second is the brace for an active limb with a pressure threshold of 4 kPa, with a predicted k value of 6.90 N/mm. The FE analysis of this parameter set computed a p value of 3.97 kPa and a k value of 6.02 N/mm (errors of 1 and 13 %).

Stiffness and discomfort tolerance indexes

Both indexes were chosen as the primary aim of a knee brace: increasing joint stability while being relatively comfortable.

The k index is a good indicator of the additional stiffness brought by the brace at low anterior displacement. This implies the hypothesis that the stiffness response of a braced joint under a drawer is the sum of the inherent joint stiffness with the additional brace stiffness, as the stiffness of two springs in parallel is the sum of each individual stiffness. This index does not account for the initial force, which was not negligible for some braces, as seen in Figure II.6 and could help maintaining knee stability by replacing the ACL initial tension, as highlighted by Solomonow (2006).

The idea behind the p index is to quantify discomfort as a global tolerance level. However, discomfort tolerance is a very subjective sensation and depends not only on the mean pressure but also on local cutaneous solicitations (pinching, denting), on the solicited area, fabric type, *etc*... The literature is very scarce in comfort/tolerance assessment. As orthotic devices are typically worn for a few hours, global discomfort tolerance might be estimated by avoiding pressures above the ischemic level, *i.e.* the level at which capillaries are unable to irrigate tissues. The value of 4.3 kPa from the work of Landis (1930) is traditionally used.

II.3.b Result outcomes

The main effects governing brace efficiency and their effect on joint stabilization are described here. Some practical learnings for manufacturers and physicians are also given.

Force transfer mechanisms

Two main force transfer mechanisms have been identified: the sleeve compression effect and the force transmission efficiency from the bars to the straps.

The first effect depends on the pressure applied by the brace on the skin due to elastic compression. The brace stiffening efficiency greatly depends on these compressive forces. In fact, the brace is secured to the limb (no slip) at a point if:

$$F_t \leq \mu \, F_n \qquad (II.6)$$

with F_t and F_n the tangential and normal forces and μ the friction coefficient of the interface. Compressive forces are thus related to the resistive forces preventing the drawer. The Laplace law for elastic compression says that F_n is proportional to the tension in the fabric along the circumferential direction (Dubuis, 2011):

$$P = \frac{F_n}{a} = \frac{T}{r} \tag{II.7}$$

with P the pressure applied by the brace, T the tension in the circumferential direction of the fabric, r the curvature radius in the same direction and a the area. F_n is then maximized by increasing fabric stiffness and decreasing the initial brace circumference. However, it also increases the mean pressure, this explains why these two factors had the same relative effect on k and p (Figure II.8). This compression effect also limits skin sliding on soft tissues, but to a lesser extent because of the lower friction coefficient.

The second effect is the efficiency of force transfer from the bars to the straps. This can be explained by considering the attach between straps and rigid bars as anchoring points of the brace on the limb, as depicted in Figure II.10. The stabilizing effect is affected by the movement of bars relative to the limb segments (loosening). As the strap fabric is much stiffer than the brace fabric, the latter one deforms easily. The ability to tilt the hinge link depends on the strength of anchors and the lever arm, *i.e.* on the strap tightening and the brace length. If the straps are attached to the bars far away from the joint, there is a long lever arm and tilting the hinge link is easy; in contrary, a small lever arm makes it more resistant to tilting. As a matter of fact, the brace length might be misleading, a long brace with anchoring points (straps) close to the joint would probably result in the same improvement. This effect is essential for designing an optimised brace because it allows to increase the force transfer without necessarily increasing the mean pressure, unlike the previous effect. This effect explains the major interaction between strap tightening and brace length for the k index (Section II.2.b).

Mechanical stiffening level

It has been found that conventional braces have a joint stiffening effect and this effect has been quantified and optimised. Liu *et al.* (1994) experimentally tested 10 braces on a surrogate leg using the same kinematics. From their data, an average k index of $11.3\,\text{N/mm}$ (min: 5.1, max: 18.3) has been computed. These values are high, and it is probable that the testing support has a high influence because a rigid leg was used, and the stiffening effect may be overestimated. This study proves that the mechanical realism of the testing support is important and the use of FE modelling allowed to obtain more reliable responses.

It is hard to tell if the computed stabilization levels are high enough to efficiently reduce an actual drawer laxity. Eagar *et al.* (2001) performed the same P-A test on 7 cadaveric knees, with and without the ACL. Results of this study are shown in Figure II.11 and clearly illustrate the high laxity of an ACL-deficient knee. The response of a brace with a k index of 8 N/mm has been plotted and added to the ACL-deficient knee in order to predict the response of a braced injured knee: it compensates the injury and is comparable to the healthy knee for low displacements.

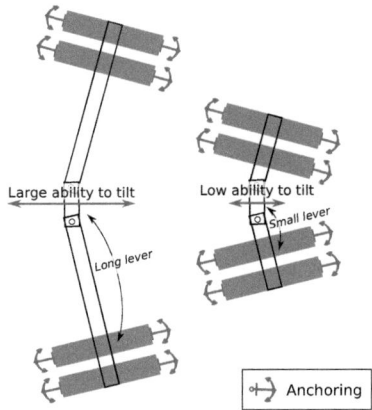

Figure II.10 – Mechanism explaining the advantage of small braces to prevent drawer.

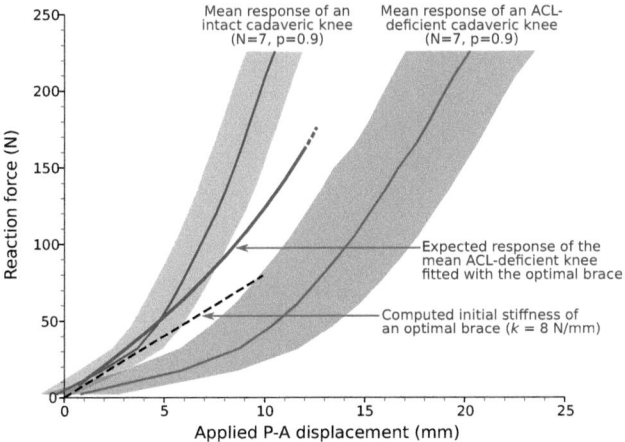

Figure II.11 – Quantification of the additional stiffness brought by an optimal brace ($k = 8$ N/mm) to an ACL-deficient cadaveric knee under a P-A displacement. Data kindly provided by Eagar *et al.* (2001).

II.3 Discussion

However, joint stability also comes from muscle activation. Wojtys *et al.* (2002) used an arthrometer to measure sagittal-plane shear stiffness of passive and active knees. Passive knees exhibited a mean stiffness of 18.7 N/mm (men) and 19.3 N/mm (women) while active limbs resulted in stiffer joints: 70.9 N/mm (men) and 40.7 N/mm (women). A good order of magnitude of *in vivo* forces in the knee was given by Kutzner *et al.* (2010), who measured anterior forces as high as 30% bodyweight (240 N for 80 kg) when descending stairs. The passive structures only need to bear a small fraction of this force when muscles are contracted. That is, the stabilizing effect of an optimised brace could be enough to compensate for a deficient ACL if the muscles are recruited as the main active stabilizers.

The sufficiency of the stiffening effect of the brace remains a difficult question because the ACL is not only a passive stabilizing mechanical structure, but also a major sensory organ capable of stimulating the active recruitment of the musculature to participate in maintaining joint stability (Solomonow, 2006). An optimised brace could compensate the mechanical deficiency at low forces/displacements, but it is not sure at which extent it can compensate the lack of sensory feedback by proprioceptive effect. If it turns out that braces can effectively trigger muscle contraction thanks to this effect, the joint stiffening induced by muscle contraction would be much higher that what is brought by the brace. Several studies show that muscle activation is modified by such devices (Osternig et Robertson, 1993; Ramsey *et al.*, 2003; Théoret et Lamontagne, 2006), but the level of actions are not known and the mechanisms not fully understood.

Finally, in order to restore the ACL function, a brace should not only restrain anterior tibial translation but also restore internal tibial rotation during the drawer (Lujan *et al.*, 2007). The simulated 1-DOF kinematics does not allow the tibia to rotate, but this effect can be investigated by looking at the internal tibial moment during the motion. This moment was found to be very low (-0.1 to 0.3 N m depending on the case), probably due to the symmetric design of the brace.

Brace design and fitting recommendations

As for now, most investigated design parameters are chosen arbitrarily or empirically. This study suggests a few guidelines to design more efficient and comfortable braces. These braces should be seen as prototypes because they were optimised only for two purposes, which are drawer prevention and discomfort tolerance; they might not be suitable for unusual limb geometries, high flexion angles... Knowing this, the brace size from the manufacturer's size chart was found to be adapted to this limb. Anti-sliding pads systems are probably more efficient to limit dynamic sliding rather than to improve sagittal-plane shear stiffness. Besides, it is recommended to use stiffer fabric than usually found for the brace body. Further investigations are needed to determine whether a stiffness of 2 kN/m is convenient for knee bending. Finally, the most important recommendation is to attach the straps close to the joint, in order to keep a short lever arm between the centre of the joint and the rigid anchoring points. This can be done by designing shorter braces, which could reduce manufacturing costs. A non-symmetric design (of the body or straps) could help restoring the internal tibial rotation during the drawer.

Practitioners should insist on the fact that a correct strap tightening is very important when prescribing a brace to a patient. If the straps are too loose, they do not play their role of anchoring points effectively. It they are too tight, the applied pressure is too high and the discomfort tolerance is increased.

Conclusion

An original FE model of a braced deformable limb has been developed and used to assess the influence of various design factors of usual knee braces on the ability to prevent a drawer. Two efficiency indexes have been proposed: the mechanical stabilization (stiffening) of the joint and the pressure applied onto the skin. A parametric optimization resulted in brace designs yielding a stiffening effect high enough to compensate for the structural role of the ACL at low displacement. Two main force transfer mechanisms have been identified: a sleeve compression effect and a load transfer to the side bars through the straps. The latter is governed by strap tightening and brace length, which were found to be key factors to improve brace designs. This study proposes a new methodology to assess the biomechanical efficiency of knee orthoses and provides substantive guidance to manufacturers and practitioners. The model and findings will be validated in future studies, first through experimental measurements with an instrumented limb simulator, then through a clinical trial using an arthrometer. The characterization of commercially available braces will lead to an objective ranking based on their stiffness index. Finally, the role of orthoses on inner structures (muscles, ligaments) needs to be investigated to understand how other mechanisms such as proprioceptive action, localized structural unloading or muscle recruitment participate in the brace effect.

Bibliographie

T. J. ALBIN : In vivo estimation of the coefficient of friction between extrinsic flexor tendons and surrounding structures in the carpal tunnel. *Proceedings of the Human Factors and Ergonomics Society Annual Meeting*, 31(3):323–324, sept. 1987.

S. AVRIL, L. BOUTEN, L. DUBUIS, S. DRAPIER et J.-F. POUGET : Mixed experimental and numerical approach for characterizing the biomechanical response of the human leg under elastic compression. *Journal of Biomechanical Engineering*, 132(3):031006, 2010.

R. L. BARRACK, H. B. SKINNER et S. L. BUCKLEY : Proprioception in the anterior cruciate deficient knee. *The American Journal of Sports Medicine*, 17(1):1–6, jan. 1989.

J. BEAUDREUIL, S. BENDAYA, M. FAUCHER, E. COUDEYRE, P. RIBINIK, M. REVEL et F. RANNOU : Clinical practice guidelines for rest orthosis, knee sleeves, and unloading knee braces in knee osteoarthritis. *Joint, Bone, Spine*, 76(6):629–636, 2009.

B. D. BEYNNON et B. C. FLEMING : Anterior cruciate ligament strain in-vivo : A review of previous work. *Journal of Biomechanics*, 31(6):519–525, 1998.

B. D. BEYNNON, R. J. JOHNSON, B. C. FLEMING, G. D. PEURA, P. A. RENSTROM, C. E. NICHOLS et M. H. POPE : The effect of functional knee bracing on the anterior cruciate ligament in the weightbearing and nonweightbearing knee. *The American Journal of Sports Medicine*, 25(3):353–359, juin 1997.

T. B. BIRMINGHAM, J. F. KRAMER, A. KIRKLEY, J. T. INGLIS, S. J. SPAULDING et A. A. VANDERVOORT : Knee bracing for medial compartment osteoarthritis : effects on proprioception and postural control. *Rheumatology*, 40(3):285–289, mars 2001.

S. BOLLEN : Epidemiology of knee injuries : diagnosis and triage. *British journal of sports medicine*, 34(3):227–228, juin 2000.

P. W. CAWLEY, E. P. FRANCE et L. E. PAULOS : Comparison of rehabilitative knee braces. *The American Journal of Sports Medicine*, 17(2):141–146, mars 1989.

P. S. CHRISTEL, U. AKGUN, T. YASAR, M. KARAHAN et B. DEMIREL : The contribution of each anterior cruciate ligament bundle to the lachman test : a cadaver investigation. *The Journal of bone and joint surgery. British volume*, 94(1):68–74, jan. 2012.

J. CORRIGAN, W. CASHMAN et M. BRADY : Proprioception in the cruciate deficient knee. *Journal of Bone and Joint Surgery. British Volume*, 74-B(2):247–250, mars 1992.

L. DUBUIS, S. AVRIL, J. DEBAYLE et P. BADEL : Identification of the material parameters of soft tissues in the compressed leg. *Computer Methods in Biomechanics and Biomedical Engineering*, 15:3–11, 2011.

L. DUBUIS : *Biomechanics of soft tissues of human leg under elastic compression*. Thèse de doctorat, Ecole Nationale Supérieure des Mines de Saint-Etienne, déc. 2011.

P. EAGAR, M. L. HULL et S. M. HOWELL : A method for quantifying the anterior load-displacement behavior of the human knee in both the low and high stiffness regions. *Journal of Biomechanics*, 34(12):1655–1660, 2001.

S. L. EVANS et C. A. HOLT : Measuring the mechanical properties of human skin in vivo using digital image correlation and finite element modelling. *The Journal of Strain Analysis for Engineering Design*, 44(5):337–345, 2009.

B. C. FLEMING, P. A. RENSTROM, B. D. BEYNNON, B. ENGSTROM et G. PEURA : The influence of functional knee bracing on the anterior cruciate ligament strain biomechanics in weightbearing and nonweightbearing knees. *The American Journal of Sports Medicine*, 28(6):815–824, nov. 2000.

C. FLYNN, A. TABERNER et P. NIELSEN : Mechanical characterisation of in vivo human skin using a 3D force-sensitive micro-robot and finite element analysis. *Biomechanics and Modeling in Mechanobiology*, 10(1):27–38, avr. 2010.

E. P. FRANCE et L. E. PAULOS : In vitro assessment of prophylactic knee brace function. *Clinics in Sports Medicine*, 9(4):823–841, 1990.

E. P. FRANCE, L. E. PAULOS, G. JAYARAMAN et T. D. ROSENBERG : The biomechanics of lateral knee bracing. *The American Journal of Sports Medicine*, 15(5):430–438, sept. 1987.

M. GENTY et C. JARDIN : Place des orthèses en pathologie ligamentaire du genou. revue de la littérature. *Annales de Réadaptation et de Médecine Physique*, 47(6):324–333, août 2004.

L.-C. GERHARDT, A. LENZ, N. D. SPENCER, T. MÜNZER et S. DERLER : Skin-textile friction and skin elasticity in young and aged persons. *Skin Research and Technology*, 15(3):288–298, août 2009.

M. D. GORDON et M. E. STEINER : *Anterior cruciate ligament injuries*, p. 169–181. American Academy of Orthopædic Surgeons, 2004.

J. GOUPY : *Introduction to Design of Experiments with JMP Examples, Third Edition*. SAS Institute, 3 édn, 2007.

J. GUIMBERTEAU, J. SENTUCQ-RIGALL, B. PANCONI, R. BOILEAU, P. MOUTON et J. BAKHACH : Introduction à la connaissance du glissement des structures sous-cutanées humaines. *Annales de Chirurgie Plastique Esthétique*, 50(1):19–34, fév. 2005.

S. HINTERWIMMER, H. GRAICHEN, R. BAUMGART et W. PLITZ : Influence of a monocentric knee brace on the tension of the collateral ligaments in knee joints after sectioning of the anterior cruciate ligament - an in vitro study. *Clinical Biomechanics*, 19(7):719–725, août 2004.

IFTH : Campagne nationale de mensuration. Rap. tech., Institut Français du Textile et de l'Habillement, 2006.

J. T. IIVARINEN, R. K. KORHONEN, P. JULKUNEN et J. S. JURVELIN : Experimental and computational analysis of soft tissue stiffness in forearm using a manual indentation device. *Medical Engineering & Physics*, 33(10):1245–1253, 2011.

I. KUTZNER, B. HEINLEIN, F. GRAICHEN, A. BENDER, A. ROHLMANN, A. HALDER, A. BEIER et G. BERGMANN : Loading of the knee joint during activities of daily living measured in vivo in five subjects. *Journal of Biomechanics*, 43(11):2164–2173, 2010.

E. M. LANDIS : Micro-injection studies of capillary blood pressure in human skin. *Heart*, 15:209, 1930.

E. LINDER-GANZ, N. SHABSHIN, Y. ITZCHAK et A. GEFEN : Assessment of mechanical conditions in sub-dermal tissues during sitting : a combined experimental-MRI and finite element approach. *Journal of Biomechanics*, 40(7):1443–1454, 2007.

S. H. LIU, T. LUNSFORD, S. GUDE et J. VANGSNESS, C T : Comparison of functional knee braces for control of anterior tibial displacement. *Clinical orthopædics and related research*, 303(303):203–210, juin 1994.

T. J. LUJAN, M. S. DALTON, B. M. THOMPSON, B. J. ELLIS et J. A. WEISS : Effect of ACL deficiency on MCL strains and joint kinematics. *Journal of Biomechanical Engineering*, 129(3):386–392, juin 2007.

T. R. LUNSFORD, B. R. LUNSFORD, J. GREENFIELD et S. E. ROSS : Response of eight knee orthoses to valgus, varus and axial rotation loads. *Journal of Prosthetics and Orthotics*, 2(4):274–288, 1990.

MATHWORKS : *MATLAB R2011a Product Help*, 2011.

M. MCKAY, R. BECKMAN et W. CONOVER : Comparison of three methods for selecting values of input variables in the analysis of output from a computer code. *Technometrics*, 21(2):239–245, 1979.

P. J. MCNAIR, S. N. STANLEY et G. R. STRAUSS : Knee bracing : Effects on proprioception. *Archives of Physical Medicine and Rehabilitation*, 77(3):287–289, mars 1996.

MELANIX : Dicom sample image sets. URL http://www.osirix-viewer.com/datasets/. 2012.

K. C. MIYASAKA, D. M. DANIEL, M. L. STONE et P. HIRSHMAN : The incidence of knee ligament injuries in the general population. *American Journal of Knee Surgery*, 4(1):3–8, 1991.

A. OLSSON, G. SANDBERG et O. DAHLBLOM : On latin hypercube sampling for structural reliability analysis. *Structural Safety*, 25(1):47–68, jan. 2003.

L. R. OSTERNIG et R. N. ROBERTSON : Effects of prophylactic knee bracing on lower extremity joint position and muscle activation during running. *The American Journal of Sports Medicine*, 21(5):733–737, sept. 1993.

S. A. PALUSKA et D. B. MCKEAG : Knee braces : current evidence and clinical recommendations for their use. *American Family Physician*, 61(2):411–418, 423–424, 2000.

L. E. PAULOS, E. P. FRANCE, T. D. ROSENBERG, G. JAYARAMAN, P. J. ABBOTT et J. JAEN : The biomechanics of lateral knee bracing. *The American Journal of Sports Medicine*, 15(5):419–429, sept. 1987.

D. K. RAMSEY, P. F. WRETENBERG, M. LAMONTAGNE et G. NÉMETH : Electromyographic and biomechanic analysis of anterior cruciate ligament deficiency and functional knee bracing. *Clinical Biomechanics*, 18(1):28–34, jan. 2003.

P. RIBINIK, M. GENTY et P. CALMELS : Évaluation des orthèses de genou et de cheville en pathologie de l'appareil locomoteur. Avis d'experts. *Journal de Traumatologie du Sport*, 27(3):121–127, sept. 2010.

J. E. SANDERS, J. M. GREVE, S. B. MITCHELL et S. G. ZACHARIAH : Material properties of commonly-used interface materials and their static coefficients of friction with skin and socks. *Journal of Rehabilitation Research and Development*, 35(2):161–176, juin 1998.

C. A. SCHNEIDER, W. S. RASBAND et K. W. ELICEIRI : NIH image to imagej : 25 years of image analysis. *Nature Methods*, 9(7):671–675, juin 2012.

SIMULIA : *ABAQUS 6.10-2 User Documentation*. Dassault Systems, 2010.

M. SOLOMONOW : Sensory - motor control of ligaments and associated neuromuscular disorders. *Journal of Electromyography and Kinesiology*, 16(6):549–567, déc. 2006.

Y. THIJS, G. VINGERHOETS, E. PATTYN, L. ROMBAUT et E. WITVROUW : Does bracing influence brain activity during knee movement : an fMRI study. *Knee Surgery, Sports Traumatology, Arthroscopy*, 18(8):1145–1149, déc. 2009.

P. THOUMIE, P. SAUTREUIL et E. MEVELLEC : Orthèses de genou. première partie : Évaluation des propriétés physiologiques à partir d'une revue de la littérature. knee orthosis. first part : evaluation of physiological justifications from a literature review. *Annales de Réadaptation et de Médecine Physique*, 44(9):567–580, 2001.

P. THOUMIE, P. SAUTREUIL et E. MEVELLEC : Orthèses de genou. Évaluation de l'efficacité clinique à partir d'une revue de la littérature. *Annales de Réadaptation et de Médecine Physique*, 45(1):1–11, jan. 2002.

D. THÉORET et M. LAMONTAGNE : Study on three-dimensional kinematics and electromyography of ACL deficient knee participants wearing a functional knee brace during running. *Knee Surgery, Sports Traumatology, Arthroscopy*, 14(6):555–563, avr. 2006.

Q. TSENG : *Etude d'architecture multicellulaire avec le microenvironnement contrôlé*. Thèse de doctorat, Université de Grenoble, juil. 2011.

N. VAN LEERDAM : The genux, a new knee brace with an innovative non-slip system. Dans : *Academy of American Orthotists and Prosthetists*, Chicago, IL, 2006.

A. VERGIS, M. HINDRIKS et J. GILLQUIST : Sagittal plane translations of the knee in anterior cruciate deficient subjects and controls. *Medicine and Science in Sports and Exercise*, 29(12):1561–1566, 1997.

E. M. WOJTYS, J. A. ASHTON-MILLER et L. J. HUSTON : A gender-related difference in the contribution of the knee musculature to sagittal-plane shear stiffness in subjects with similar knee laxity. *The Journal of bone and joint surgery. American volume*, 84-A(1):10–16, jan. 2002.

S. L.-Y. WOO, R. J. FOX, M. SAKANE, G. A. LIVESAY, T. W. RUDY et F. H. FU : Biomechanics of the ACL : measurements of in situ force in the ACL and knee kinematics. *The Knee*, 5(4):267–288, oct. 1998.

Z. WU, C. AU et M. YUEN : Mechanical properties of fabric materials for draping simulation. *International Journal of Clothing Science and Technology*, 15(1):56–68, jan. 2003.

W. R. YU, T. J. KANG et K. CHUNG : Drape simulation of woven fabrics by using explicit dynamic analysis. *Journal of the Textile Institute*, 91(2):285–301, 2000.

CHAPITRE III

Caractérisation expérimentale de l'efficacité mécanique des orthèses à l'aide d'une machine de test

Sommaire

Résumé	84
Introduction	86
III.1 Materials and methods	88
III.1.a Surrogate lower limb	88
III.1.b Knee braces	90
III.1.c Finite element models	91
III.1.d Performance evaluation indexes	94
III.2 Results	94
III.2.a Validation of the FE model of the brace	96
III.2.b Validation of the machine design	96
III.2.c Experimental study	99
III.3 Discussion	103
III.3.a FE modelling and model validation	103
III.3.b Efficiency characterisation	105
III.3.c Recommendations for brace designs	106
III.3.d Levels of mechanical actions	106
Conclusion	107
Bibliographie	110

Résumé

Le chapitre précédent ayant introduit un modèle numérique, il était nécessaire de le valider par des mesures expérimentales. D'autre part, le banc d'essai développé dans le cadre du projet "métrologie des orthèses" pouvait également servir d'outil d'évaluation des orthèses existantes sur le marché. Cependant, son support de test (membre inférieur simplifié géométriquement et mécaniquement) devait préalablement être confronté à des mesures obtenues sur un membre inférieur déformable et anatomique. C'est donc ce processus de validation croisée (figure III.1) qui est présenté dans ce chapitre, suivi de la caractérisation de nombreuses orthèses du marché groupées en 4 catégories.

Les différents travaux visant à évaluer les orthèses du genou avec un membre inférieur artificiel sont nombreux dans la littérature. Cependant, ces études datent toutes des années 1990 et sont consacrées exclusivement au marché américain. D'autre part, peu de ces études se sont attachées à valider le comportement mécanique des modèles expérimentaux utilisés. En effet, la plupart de ces fantômes sont relativement simples de conception, autant d'un point de vue mécanique que morphologique. C'est également le cas de notre machine de test.

Cette machine est représentée sur la figure III.2. Elle est composée de deux parties cylindriques en acier représentant la cuisse et la jambe, et reliées par un anneau en silicone déformable. Trois axes sont motorisés et instrumentés par des capteurs de force ou de couple, et peuvent simuler les mouvements suivants : flexion–extension, varus-valgus et tiroir antérieur–postérieur. Le protocole expérimental consiste en un mouvement de flexion de 30° suivi d'un varus de 10° et d'un tiroir antérieur de 15 mm (ces deux derniers mouvements étant effectués jambe pliée à 20° de flexion). Les forces et moments de réaction mesurés lors du mouvement caractérisent l'effet mécanique de l'orthèse et servent au calcul des trois critères d'efficacité mécanique (figure III.5).

Le premier objectif étant la validation du modèle d'orthèse numérique par éléments finis, différentes orthèses au design simple (conforme au modèle simulé dans le chapitre II) ont été fabriquées (figure III.3) et testées, numériquement (sur un modèle de membre inférieur numérique reproduisant le membre indéformable de la machine) et expérimentalement. Les comparaisons montrées sur la figure III.6 montrent une bonne correspondance entre la simulation et les mesures expérimentales, excepté à la fin du mouvement de flexion où il est probable que l'effet de l'apparition des plis dans le textile soit un phénomène difficile à modéliser numériquement, à cause des hypothèses de modélisation décrites dans la section I.3.a.

Ensuite, la réponse mécanique de ces différentes orthèses a été comparée numériquement en les testant, d'une part sur un support représentant celui de la machine de test (membre cylindrique et indéformable), et d'autre part sur le membre inférieur réaliste (anatomique et déformable) présenté au chapitre II. L'effet du support de test sur les différents indices d'efficacité, en faisant varier certains paramètres de l'orthèse, est représenté sur la figure III.7. On peut constater qu'en tiroir et varus, le modèle de membre inférieur simplifié utilisé sur la machine surestime l'évaluation des raideurs des orthèses comparé au membre réaliste. Cependant, les erreurs commises sont dépendantes de la cinématique simulée mais ne semblent pas dépendre du type d'orthèse. Ces erreurs sont donc systématiques et peuvent être compensées par des facteurs de correction, qui ont été calculés et reportés dans le tableau III.3. Elles affectent particulièrement le mouvement de varus à cause du contact latéral embrases/acier, qui est hautement irréaliste (indéformabilité) et fortement sollicité par cette cinématique.

Le banc d'essai a également été utilisé pour tester l'effet de différents paramètres de conception sur les trois indices d'efficacité, et les résultats ont été reportés dans la figure III.8. Ces effets complètent ceux du chapitre précédent qui se consacrait uniquement au mouvement de tiroir. Un résultat particulièrement intéressant est donné par le test visant à enlever le corps en textile de l'orthèse pour ne tester que les barres maintenues par les sangles, et donc à se débarrasser de l'effet de compression : cela s'avère avoir un effet bénéfique sur la flexibilité du dispositif tout en conservant une bonne raideur pour prévenir les cinématiques de tiroir et varus.

Enfin, la caractérisation de différents types d'orthèses (manchons de compression, genouillères à base textile et embrases articulées, orthèses rigides articulées et attelles, voir figure III.4) met en exergue leurs comportements mécaniques différents (figures III.9 et III.10) et la supériorité des orthèses rigides en termes de rigidification de l'articulation en tiroir et varus et une bonne flexibilité en flexion. On peut également constater des variabilités entre produits d'une même catégorie. Ce type de résultats pourrait donc servir d'aide à la décision lors du choix d'une orthèse pour une instabilité donnée.

Ainsi, ce banc d'essai est particulièrement adapté à la comparaison de différentes orthèses, mais il faut rester prudent quant à la validité des mesures par rapport à ce qui pourrait être obtenu *in vivo*. En effet, les facteurs de correction introduits ne sont valides que pour les genouillères à base textile articulées, et leur importance conduit à penser que la conception de cette machine pourrait être améliorée pour tendre vers plus de réalisme mécanique et morphologique. Cependant, cette machine a un rôle à jouer dans l'aide à l'innovation et l'amélioration de la conception sur des critères mécaniques rationnels. Il ne faut pas perdre de vue que l'efficacité globale et l'effet thérapeutique ne dépendent pas uniquement de l'action mécanique passive, loin de là, et que cet outil doit être associé à des avis et études cliniques.

La comparaison des niveaux d'action mesurés avec ceux des structures de stabilisation passive de l'articulation trouvés dans la littérature montre que l'action mécanique des orthèses de compression est négligeable. Les genouillères articulées à base textile ou les orthèses rigides articulées pourraient compenser une lésion faible, ou se restreindre à récupérer des sollicitations légères correspondant à la région de faible rigidité du ligament, avant sa mise en tension. Cependant, des mesures *in vivo* semblent nécessaires pour valider ces conclusions.

Ce chapitre a été soumis au journal *Proceedings of the Institution of Mechanical Engineers, Part H : Journal of Engineering in Medicine* (en cours de révision), sous le titre "Evaluation of the mechanical efficiency of knee orthoses : a combined experimental-numerical approach".

Evaluation of the mechanical efficiency of knee orthoses: a combined experimental-numerical approach.

Baptiste Pierrat, Jérôme Molimard, Laurent Navarro, Stéphane Avril, Paul Calmels

Abstract

Knee orthotic devices are commonly prescribed by physicians and medical practitioners for preventive or therapeutic purposes with the aim of supporting, aligning, or immobilising the joint. However, the evaluation of these devices relies on few biomechanical studies or therapeutic trials and the level of their mechanical action remains unclear. The objectives of this work are to validate a developed experimental testing machine regarding its realism as compared to a standardised human limb by using a FE approach, and then use this machine to characterize the efficiency of different categories of orthoses and under different pathological kinematics and investigate the influence of various design characteristics. It was found that the measured mechanical actions should be corrected to compensate for the rigid design of the test machine. Experimental results showed that the tested orthoses highly differed in their ability to restrain motions, and that the stiffening effects of these devices may be able to compensate for deficient internal structures only under low load. Although results remain to be confronted to clinical evidence, this approach paves the way to a standardised procedure for evaluating knee orthoses and developing new designs.

Introduction

The knee is the largest joint in the body and is vulnerable to injury during sport activities and to degenerative conditions such as osteoarthritis. Various syndromes are associated with an increased knee laxity, leading to a functional instability (*i.e.* a "wobbly" feeling). The wide and varied methods of treatment and prevention of knee injuries include the use of knee orthoses, or knee braces. More than 5 million knee braces and supports were sold in the US in 2011 and this market is expected to exceed \$1.2 billion by 2018 (iData Research, 2012). The general purpose of these devices is to support, align, or immobilise the knee (Chew et al., 2007). Despite the fact that they are commonly prescribed by physicians and medical practitioners, their evaluation relies on few biomechanical studies or therapeutic trials (Thoumie et al., 2001, 2002). Their claimed effects are mainly proprioceptive input and joint stabilisation, but their action mechanisms are not fully understood. They are usually fitted into three main categories: prophylactic (prevent injury), functional (increase stability) and rehabilitative (control motion during rehabilitation) braces (Paluska et McKeag, 2000). However this classification is based on expected clinical effects but there is no evidence that there is a difference in terms of mechanical response of the brace itself.

Assessment of the motion restraining of various braces of the US market has been experimentally investigated in the 1990s under different testing conditions. Some authors used cadaveric specimens (Baker et al., 1987, 1989; France et Paulos, 1990), in which case substantial scatter were noted (anatomical, physiological and methodological variances) and the integrity of the joint was problematic to simulate non-physiological kinematics. Besides, this procedure is not adapted to standardised testing. Others have developed phantoms in the form of mechanical surrogates (Beck et al., 1986; Cawley et al., 1989; Brown et al., 1990; France et Paulos, 1990; Liu et al., 1994; Lunsford et al., 1990) consisting in mechanical parts mimicking the joint, thigh and leg on which a specific motion was simulated (drawer, pivot shift, lateral impact...), and instrumented with electronic strain gauges in order to quantify the mechanical effects of a brace. However, the mechanical realism of such surrogates is subject to caution as compared to a real human limb, as most of them were made of rigid materials. What is more, these studies are not recent and brace designs have evolved. Orthotic manufacturers have developed new brace design specificities (e.g. blocking hinge mechanisms, complex strapping systems...) and attribute specific effects to these features in relation with a given pathology without objective assessment.

As a consequence of these uncertainties, medical practitioners and manufacturers still lack a simple evaluation tool for knee orthoses. A French committee of experts highlighted this problem (Ribinik et al., 2010) and stated that orthoses must be evaluated by taking both the mechanisms of action and the desired therapeutic effects into account.

Finite Element (FE) analysis is a powerful tool when it comes to complex mechanical simulations and a combined experimental-numerical approach would definitely help to develop a standardised procedure for testing knee orthotic devices and validate the mechanical behaviour of a surrogate limb in relation to a real human limb model, as the one presented in a previous work (Pierrat et al., 2013).

For this purpose, a 3-axis instrumented surrogate limb was developed to test knee braces against different pathological kinematics. The objectives of this work are described in Figure III.1. In a first step, a FE model of a generic brace was built and validated using this experimental device. Then, FE modelling was used to investigate the mechanical realism of the machine by confronting the numerical response of a FE generic brace:

1. on a model of the test machine limb,
2. on a model of a morphological, deformable limb.

Finally, the robotic limb was used to investigate the effect of different design factors on a generic brace and test a panel of commercially available knee orthoses and rank them based on their mechanical responses.

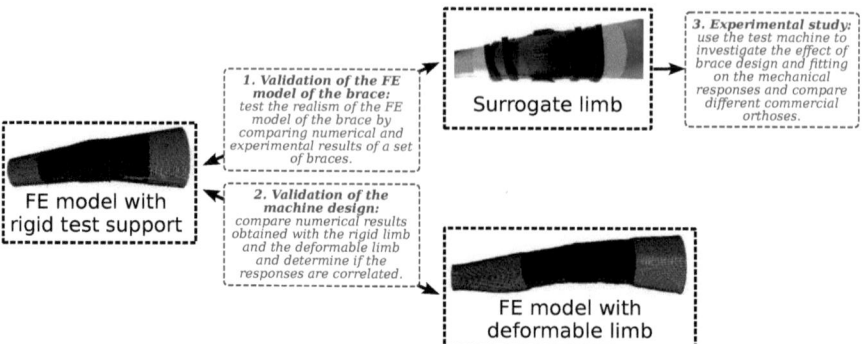

Figure III.1 – Objectives of the present work with details on the cross-validation process.

III.1 Materials and methods

III.1.a Surrogate lower limb

Structure.

The test machine depicted in Figure III.2 consists of two cone-shaped steel parts mimicking the thigh and leg. The dimensions were chosen accordingly to the size of a median French male limb (circumference at the knee: 38 cm; 15 cm above the knee: 49.3 cm; 15 cm below the knee: 36.2 cm), as reported by IFTH (2006). They were linked by a silicon ring to maintain a continuum between the limbs. An artificial skin-like membrane (DawSkin™) was glued over the assembly. This material is similar to the skin in terms of texture and stiffness, and was assumed to have the same frictional behaviour.

Kinematics and motorisation.

This machine was used to simulate three joint movements: a flexion motion of a healthy knee and two pathological kinematics, a varus rotation and an anterior translation of the leg with respect to the thigh (drawer). The flexion and varus motions are driven by two brushless motors and two reductors, providing a nominal torque of 500 N m. The motors are controlled by two resolvers (0.05° accuracy). The drawer axis is powered by a linear actuator providing a maximal force of 200 N and a position accuracy of 0.05 mm. In this study, three particular kinematics were tested:

1. A 30° flexion; this amplitude is characteristic of a walking motion (Kadaba *et al.*, 1990). For splints, a flexion of only 10° was applied to avoid damage.

Chapitre III. CARACTÉRISATION EXPÉRIMENTALE

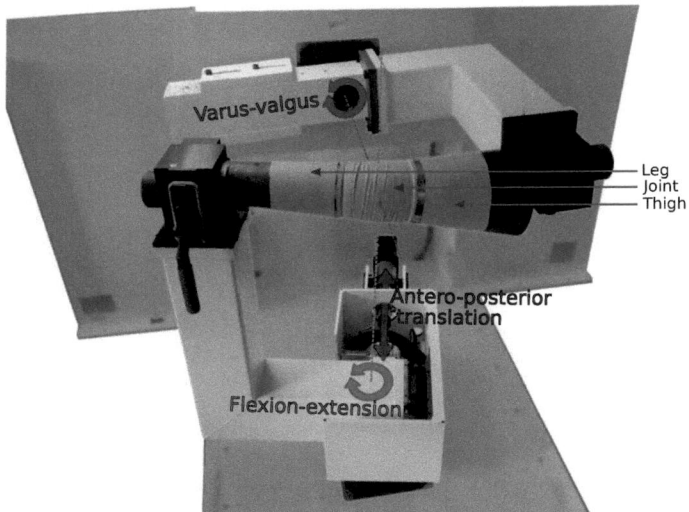

Figure III.2 – Test machine for knee orthoses designed to simulate three kinematics of the lower limb: flexion-extension, varus-valgus and antero-posterior translation. Each motion is instrumented with either a torque sensor or a force sensor.

2. A 15 mm translation of the leg with respect to the femur; this instability is normally prevented by the anterior cruciate ligament (Vergis *et al.*, 1997) and is increased by an injury to this ligament, as shown by the Lachman test.
3. A 10° varus; this instability is associated to either a ligamentous injury of a lateral ligament (Markolf *et al.*, 1976) or to arthrosis (Gök *et al.*, 2002).

These kinematics have also been chosen in a concern of comparing the results with existing studies, either on phantoms or cadaveric knees (Beck *et al.*, 1986; Cawley *et al.*, 1989; Brown *et al.*, 1990; France et Paulos, 1990; Liu *et al.*, 1994; Lunsford *et al.*, 1990), and also to numerical simulations. This is also why it was chosen to work with a quasi-static loading rate (10°/min for flexion and varus and 10 mm/min for drawer). If considering only the mechanical aspects of orthopaedic treatment, the role of a knee orthosis is to replace a deficient body structure and restore the joint stiffness in the case of the two latter pathological laxities; however the flexion motion should remain unrestrained (except for knee splints).

Instrumentation.

In order to measure the motion restraining ability of knee orthoses, each axis is instrumented to measure reaction forces and moments. Before doing the experiments, the three axes have been calibrated using a load cell and the repeatability of the sensor output has been checked.

89

III.1 Materials and methods

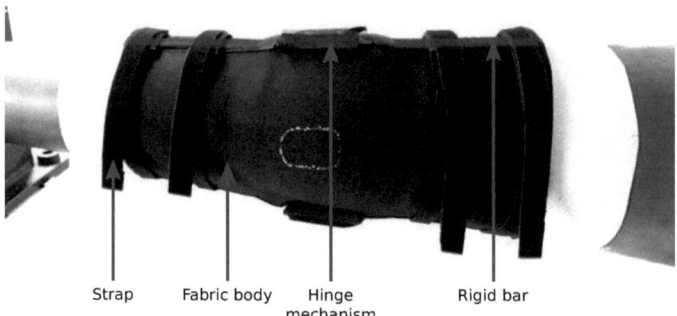

Figure III.3 – Medium size generic brace with known geometry and mechanical characteristics.

The flexion and varus axes include torque sensors with 0.1% accuracy. The drawer axis is instrumented with a load sensor with 1 N accuracy. Step by step motions were simulated: the three amplitudes were divided into 30 steps and 10 sensor values were recorded and averaged at each step with the motors stopped in order to minimise noise due to motor vibrations, and to respect the quasi-static state. The acquisition sampling was 1° for the flexion, 0.5 mm for the drawer and 0.33° for the varus.

Testing protocol.

The brace was positioned with the help of alignment marks to make sure that the axis of rotation of the hinge mechanism was aligned with the axis of rotation of the flexion movement. Each test consisted in a run without the brace to measure the response of the silicon ring only; then the brace was fitted and the response of the ring/brace assembly was measured. Finally, the response of the ring only was subtracted from the response of the assembly to obtain the response of the brace only. Five tests were performed for each brace, and each time the brace was re-fitted on the surrogate limb. Assuming a Gaussian distribution of the responses, a mean ± 90% confidence interval was computed at each point.

III.1.b Knee braces

Generic knee braces

In a first step, generic knee braces were tested to confront their responses to a FE model. These braces were designed to be mechanically representative of usual commercially available braces but with a simple design and known materials. These braces feature a synthetic fabric body with a cylindrical, slightly conical geometry, bilateral hinged bars with a blocking system to prevent knee hyper-extension and tightening straps, as depicted in Figure III.3. The position of the straps can be adjusted and the tightening tension was quantified using a loading cell.

This reference brace was declined in various sizes and lengths, and the influence of several parameters were tested on each response:

- Strap tightening level: no tightening (0 N tension), *medium (*30 N *tension)* and high (60 N tension) tightening (average data from preliminary tests where 30 N was qualified as "comfortable" and 60 N as "slightly too tight").

- Brace size: *standard reference size for the surrogate limb circumference*, 2 sizes too small and 2 sizes too large (center circumferences: 36.8 cm, 32.4 cm and 45.2 cm respectively).

- Brace length: *reference length (*34 cm*)*, a longer (51 cm) and a shorter (17 cm) brace.

The effect of varying these factors was compared to numerical models to validate the FE model of the brace and validate the design of the test machine. In a second time, other design factors were investigated experimentally only:

- *Parallel*/helical strap shape (two helical straps criss-crossing behind the thigh and in front of the tibia).

- Presence/*absence* of a patella opening surrounded by a silicon ring.

- Presence/*absence* of silicon pads inside the fabric body to prevent brace sliding.

- *Presence*/absence of fabric body (hinged bars and straps only).

Emphasized parameter values are those of the reference brace (centre point of the design of experiments).

Commercial knee orthoses

In order to investigate the mechanical response of knee orthoses in various categories, different functional and rehabilitative braces have been tested. The product line of three orthotic manufacturers has been chosen (Gibaud®, Lohmann & Rauscher® and Thuasne®). Although their designs are different among manufacturers, they all fit into four categories: compression sleeves, hinged braces with a fabric body (similar to the generic brace described in Section III.1.b), rigid hinged orthoses and splints. The first two have a functional role whereas the two others are rehabilitative orthoses. An example of each category is depicted in Figure III.4. 12 orthoses were tested (one of each category for each manufacturer). A tightening of 30 N was applied to the straps.

III.1.c Finite element models

A FE model of a generic brace was developed under Abaqus® v6.10. It was numerically tested on both a rigid support (FE model of the surrogate limb) and a morphological, deformable support (FE model of a human limb).

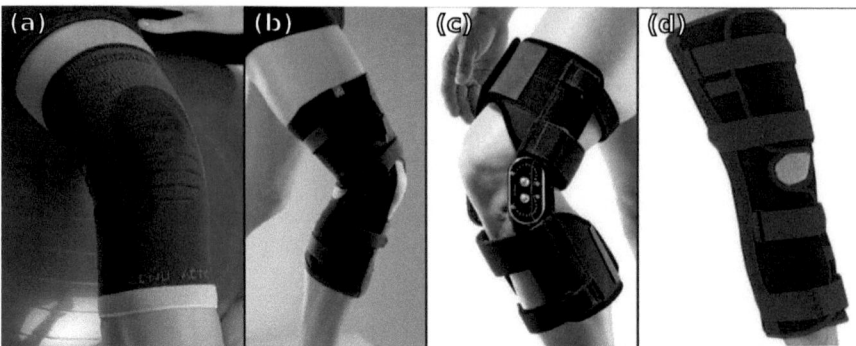

Figure III.4 – Example of a knee orthosis in each category: (a) compression sleeve; (b) fabric hinged brace; (c) rigid hinged orthosis; (d) splint.

FE model of the brace.

The generic brace described in Section III.1.b was modelled using shell elements. It features hinged rigid bars, a fabric material and fitting straps. The fabric material was defined as homogeneous, orthotropic, linear elastic. It was meshed with 14 790 to 43 690 S4R shell elements (Simulia, 2010) depending on the length of the brace. The constitutive equations are:

$$\begin{pmatrix} N_{11} \\ N_{22} \\ N_{12} \end{pmatrix} = \begin{pmatrix} \frac{E_1}{1-\nu_{12}\nu_{21}} & \frac{\nu_{21}E_1}{1-\nu_{12}\nu_{21}} & 0 \\ \frac{\nu_{12}E_2}{1-\nu_{12}\nu_{21}} & \frac{E_2}{1-\nu_{12}\nu_{21}} & 0 \\ 0 & 0 & G_{12} \end{pmatrix} \begin{pmatrix} \varepsilon_{11} \\ \varepsilon_{22} \\ 2\varepsilon_{12} \end{pmatrix} \quad (\text{III.1})$$

and

$$\begin{pmatrix} M_{11} \\ M_{22} \\ M_{12} \end{pmatrix} = \begin{pmatrix} F_1 & \mu_2 F_1 & 0 \\ \mu_1 F_2 & F_2 & 0 \\ 0 & 0 & \tau_{12} \end{pmatrix} \begin{pmatrix} \kappa_{11} \\ \kappa_{22} \\ 2\kappa_{12} \end{pmatrix} \quad (\text{III.2})$$

where N_{ij} and M_{ij} are the tensions and bending moments of the fabric, ε_{ij} and κ_{ij} the strains and bending strains, E_i the tensile rigidities, G_{12} the shear rigidity, ν_{ij} the Poisson's ratios, F_i the bending rigidities, τ_{12} the torsional rigidity and μ_i parameters analogous to Poisson's ratios. Subscripts 1 and 2 represent the longitudinal and circumferential directions of the brace cylinder and the directions along and across the straps respectively.

Tensile rigidities, shear rigidity and Poisson's ratios were obtained from unidirectional and off-axis tensile tests on an Instron® machine at speeds of 50 mm/min on 40 × 20 mm fabric samples. The linear elasticity assumption was judged reasonable from tensile tests for strains below 40%. Bending rigidities were measured using a KES-F (Kawabata Evaluation System for Fabrics) device (Yu et al., 2000; Wu et al., 2003). Identified properties are reported in Table III.1.

	E_1 (N/m)	E_2 (N/m)	G_{12} (N/m)	F_1 (N m)	F_2 (N m)	τ_{12} (N m)	$\nu_{12}, \nu_{21}, \mu_1, \mu_2$
Body fabric	790	910	321	1×10^{-4}	2.8×10^{-4}	8×10^{-5}	0
Strap fabric	15 000	15 000	7500	1×10^{-3}	1×10^{-3}	5×10^{-4}	0

Table III.1 – Identified mechanical properties of brace and strap fabrics for the generic brace.

Rigid bars were modelled as a shell with a thickness of 2 mm and an isotropic linear elastic behaviour ($E = 70$ GPa, $\nu = 0.3$).

FE model of the rigid support.

The rigid support was modelled as an undeformable material with the geometry of the test machine. A Neo-Hookean strain energy function (Simulia, 2010) was used to model the silicon ring: $C_{10} = 1 \times 10^6$ Pa and $D_1 = 1 \times 10^{-7}$ Pa^{-1}.

FE model of the morphological deformable limb.

This model has already been described in a previous study (Pierrat et al., 2013) but a quick summary is given here. It features a deformable limb with a separate skin layer, able to glide over underlying tissues. The soft tissues material (homogenized muscles, fat, tendons...) was defined as homogeneous, isotropic, quasi-incompressible and hyper-elastic (Neo-Hookean strain energy function (Avril et al., 2010; Dubuis et al., 2011)) and meshed with 60 199 hexahedral elements. It is noteworthy that the mechanical properties ($C_{10} = 5$ kPa) were identified in a passive muscle state. The skin layer material was defined as homogeneous, isotropic, quasi-incompressible and hyper-elastic (Ogden strain energy function (Evans et Holt, 2009)), meshed with 22 648 hexahedral elements and an initial strain of 20% was applied at the start of the analysis. Bones were considered as rigid bodies.

Brace/limb interface.

A Coulomb friction (Simulia, 2010) was used to model the brace/limb interactions. A friction coefficient of 0.4 has been chosen from literature (Gerhardt et al., 2009; Sanders et al., 1998).

Analysis steps and post-treatment.

A quasi-static analysis was performed using the Explicit solver (Simulia, 2010) in order to solve significant discontinuities (fabric buckling, contacts). Time scale and material density were carefully chosen to prevent dynamic effects (kinetic energy was much inferior to external work). The simulation consisted in three steps:

1. A displacement field was applied to the brace to enlarge it and to make it fit at the right place on the limb.

Motion	Lin. reg. domain	Efficiency index
Flexion	5–30°	k_{flexion}
Drawer	2–8 mm	k_{drawer}
Varus	1–10°	k_{varus}

Table III.2 – Details on linear regression domains for the calculation of the efficiency index for each motion.

2. Contacts were activated, previously applied displacements were released in order to let the brace be in contact with the limb and reach the mechanical equilibrium; the limb was fixed; the straps were pre-stressed to simulate a real fitting.

3. A joint kinematics was imposed to the lower limb (flexion, drawer or varus, as described in Section III.1.a); the thigh part was fixed.

The main output of the simulations was the load vs. motion curve, as given by the robotic limb. The response of the limb only (obtained from a simulation without brace) was subtracted from the simulated response to obtain the response of the brace only, as done for the test machine. Typical responses are reported in Figure III.5. As the explicit solver was used, a low-pass filter was applied to reject the noise due to residual dynamical effects of the solver, as seen in Figure III.5.

III.1.d Performance evaluation indexes

In order to compare the efficiency of different orthoses to prevent or allow a motion, three efficiency indexes have been developed. Most responses were found to have a transition behaviour for low displacements/rotations quickly followed by a rather linear curve, as seen in Figure III.5.

Consequently, the chosen efficiency indexes were the slope of the load-displacement curves in the linear domain for each kinematics, calculated by a linear regression. These domains are reported in Table III.2. The indexes may be interpreted as the average rigidity of the brace with respect to a rotation/displacement and characterize its ability to restrain a motion.

The relative importance of each index needs to be confronted to the pathology of the patient; for instance, a torn ACL involving antero-posterior laxity will be treated with a brace with a high drawer efficiency index, whereas a brace with a high varus index will be preferred to treat lateral laxities caused by arthrosis.

III.2 Results

A single FE simulation completed in about 4 hours for the rigid limb and 8 hours for the deformable limb (12 CPUs at 2.4 Ghz). The mechanical equilibrium was checked by observing energy quantities to verify that dynamic effects had dampened out.

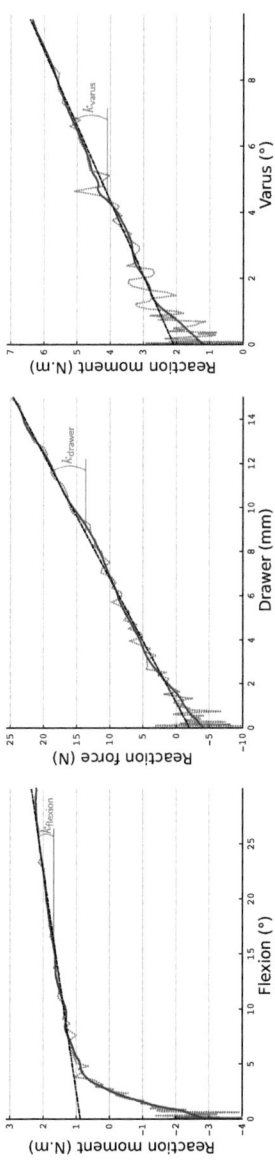

Figure III.5 – Typical responses for the different kinematics (flexion, drawer, varus) as obtained by FE simulation of the rigid limb model. In dotted red, the raw response; in solid blue, the response after low-pass filtering; in dashed black, the linear regression line.

III.2.a Validation of the FE model of the brace

Experimental and numerical curves of the mechanical responses of generic braces were compared. An example is given in Figure III.6 where the effect of strap tightening was investigated. First it can be noted that strap tightening had an effect on the responses: increasing tightening increased reaction forces and moments of the brace, especially for drawer and varus motions. This parameter has a positive effect on the overall brace stiffening effect. Secondly, the FE results are in good agreement with actual experimental data even if some differences are noticeable. For the flexion kinematics, the responses are similar in the first part of the motion, then the FE simulation underestimates the reaction moments. For the drawer kinematics, the FE responses are slightly shifted below the experimental curves, but still in the confidence intervals. Experimental responses exhibit a slightly different behaviour at the end of this motion with a sudden change in the curve slope. This is why the regression domain for this motion (Table III.2) was purposely reduced to avoid this non-linear part. The reasons and impacts of these errors will be discussed in Section III.3.a. Finally, the varus motion curves are in very good agreement.

This comparison was then performed by varying three factors (brace tightening, brace length and brace size) from the reference brace (medium tightening, medium length, medium size), without taking the interactions between the factors into account (simple design of experiments with three levels, no interactions). The efficiency index was computed for each case and the main effects were plotted in Figure III.7. It can be noticed that the responses varied rather linearly with the factors, meaning that the quadratic effects are low compared to the main effects.

As expected, the experimental and rigid FE efficiency indexes (red and green colours) were in good agreement as well, except for the flexion motion for which the responses are underestimated. The FE model successfully predicted efficiency indexes for varus and drawer motions, not only when varying strap tightening but also brace length and brace size. The mean prediction relative errors were 49% for the flexion, 11% for the drawer and 11% for the varus.

III.2.b Validation of the machine design

As the FE model of the brace successfully reproduced experimental data for drawer and varus kinematics, responses of this brace were numerically simulated on the deformable, morphological leg and compared to the responses from the FE model of the machine. The corresponding efficiency indexes for different brace parameters are plotted in Figure III.7 (blue colour). It can be noticed that the behaviour of the brace/limb system is different with a morphological, deformable limb: for the flexion kinematics, it is similar to the numerical responses obtained with a rigid limb, but any explanation would be meaningless as the model was not validated for this kinematic; for the drawer kinematics, the stiffening effect of the brace slightly decreases (mean

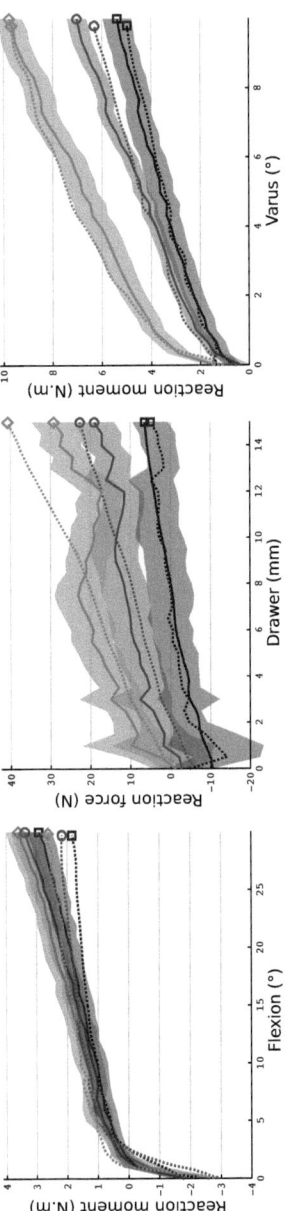

Figure III.6 – Comparison of experimental results (solid lines with 90% confidence intervals computed from the Gaussian distribution of 5 repeated tests) and numerical results of the rigid limb model (dotted lines) for three strap tightening levels (blue squares: 0 N; red circles: 30 N; green diamonds: 60 N) for each motion.

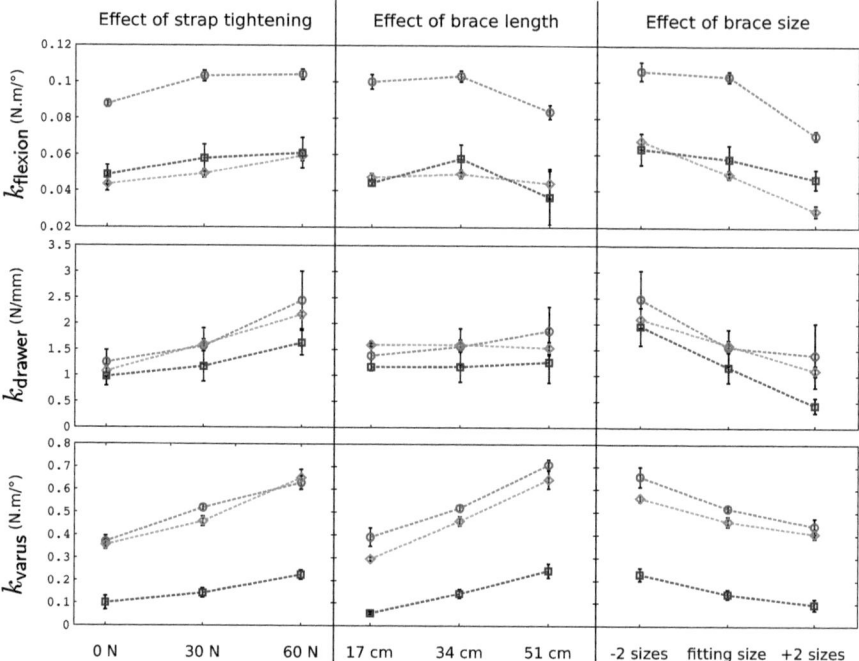

Figure III.7 – Main effects for the three efficiency indexes. Red circles: experimental; green diamonds: rigid limb FE model; blue squares: deformable limb FE model. The 90% confidence intervals of the regression coefficients are shown.

Motion	Correction factor	Mean value ± standard deviation
Drawer	f_{drawer}	0.75 ± 0.15
Varus	f_{varus}	0.31 ± 0.07

Table III.3 – Values of the two correction factors compensating for the rigid design of the machine. Mean values and standard deviations of these factors for all the different simulated braces.

relative difference of 25%); for the varus kinematics, this decrease is even more pronounced (mean relative difference of 69%). Supposing that the FE model of the morphological, deformable limb is closer to a real human limb than the FE model of the test machine in terms of mechanical response, the machine design would be validated if the same responses were obtained, but this is not the case. However, the efficiency indexes vary the same way for both models when changing brace parameters, as seen in Figure III.7. Consequently, general correction factors may be introduced in order to compensate the unrealistic rigid limbs of the machine. Correction factors f_{kin} were calculated as the ratio between $k_{\text{kin}}^{\text{FE\_def}}$, the efficiency index computed from the deformable FE model response and $k_{\text{kin}}^{\text{FE\_rig}}$, the efficiency index computed from the rigid FE model response:

$$f_{\text{kin}} = \frac{k_{\text{kin}}^{\text{FE\_def}}}{k_{\text{kin}}^{\text{FE\_rig}}} \qquad (III.3)$$

where the subscript kin is either drawer or varus.

Looking at Figure III.7, these ratios do not seem to depend much on the brace design, which is a good point since the goal is to use these factors for other kinds of braces, but they definitively depend on the kinematics. The mean values of these factors for all tested brace parameters are reported in Table III.3. The low standard deviations confirm that these correction factors are valid for all the tested braces. As the correction factor is mainly related to the low stiffness of the limb soft tissues, it should be mostly independent on the brace itself. The correction is much more important for the varus motion because the rigid parts of the brace are pressed against the side of the limb and largely deform the soft tissues.

III.2.c Experimental study

The test machine is a useful tool to quickly investigate the effect of brace design parameters and characterize and compare the mechanical response of commercial orthoses.

Effect of generic brace parameters on their mechanical efficiency.

A design of experiment approach (Goupy, 2007) was used to compare the effects of different factors on the mechanical responses of the generic brace. The following equation was used to model the response variable k_{kin} as a function of n input factor values $[p_1, p_2, ..., p_n]$:

$$k_{\text{kin}} = a_0 + a_1 p_1 + a_2 p_2 + ... + a_n p_n \qquad (III.4)$$

III.2 Results

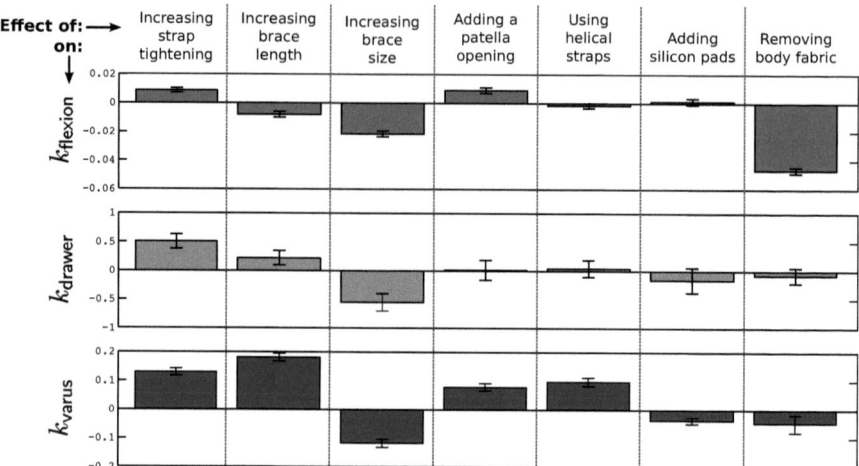

Figure III.8 – Effect of different factors on the efficiency indexes. Confidence intervals are 90%.

where a_0 is the mean overall response and $[a_1, a_2, ..., a_n]$ are the main effects of factors $[p_1, p_2, ..., p_n]$ on the response. The input factors values were coded in a $[-1; +1]$ range. As two or three levels were chosen for each factor, $[a_0, a_1, a_2, ..., a_n]$ were calculated using a linear regression. Graphically, the effect of a factor on a response is the slope of regression lines of the curves in Figure III.7 (with coded units on the x-axis instead of original units).

The computed effects are depicted in Figure III.8. It can be noticed that the levels of effects depend on the kinematics. For instance, increasing brace length has a strong positive effect on the efficiency of the brace to prevent varus kinematics, but is not so influential for the two other motions. A detailed interpretation of each effect will be discussed in Section III.3.c.

Mechanical response of various commercial orthoses.

Three commercial orthoses in each category (12 in total) were tested on the robotic limb. Their mechanical responses are depicted in Figure III.9, and the corresponding efficiency indexes are reported in Table III.4. First, it can be noticed that these responses allow to separate the different categories based on their mechanical responses, even if the domains slightly overlap: different designs lead to significantly different mechanical behaviours. Compression sleeves have a very low stiffness, which is negligible for drawer and varus motions compared to other orthoses. Rigid hinged orthoses allowed flexion more easily than fabric hinged braces, which makes them more efficient for knee bending, although they were better to restrain drawer and varus motions. This should make them globally more efficient and easier to walk with. Finally, knee splints were the stiffest orthoses: their mechanical action was significantly higher, especially for flexion and drawer motions.

Chapitre III. CARACTÉRISATION EXPÉRIMENTALE

	Brace model	k_{flexion} (N m/°)	k_{drawer} (N/mm)	k_{varus} (N m/°)
Sleeves	#1	0.069 ± 0.003	1.78 ± 0.26	0.088 ± 0.004
	#2	0.051 ± 0.004	0.66 ± 0.20	0.069 ± 0.007
	#3	0.069 ± 0.002	0.94 ± 0.26	0.11 ± 0.01
	Mean	0.063 ± 0.009	1.13 ± 0.54	0.088 ± 0.017
Hinged braces	#1	0.13 ± 0.003	1.44 ± 0.24	0.40 ± 0.01
	#2	0.21 ± 0.005	2.16 ± 0.23	0.64 ± 0.02
	#3	0.16 ± 0.013	3.18 ± 0.36	0.46 ± 0.02
	Mean	0.17 ± 0.030	2.26 ± 0.77	0.50 ± 0.10
Rigid hinged orthoses	#1	0.11 ± 0.02	3.04 ± 0.64	1.84 ± 0.30
	#2	0.10 ± 0.01	2.83 ± 0.36	1.30 ± 0.12
	#3	0.07 ± 0.01	3.48 ± 0.83	1.57 ± 0.18
	Mean	0.09 ± 0.02	3.12 ± 0.69	1.57 ± 0.31
Splints	#1	2.58 ± 0.28	8.80 ± 1.41	2.63 ± 0.12
	#2	0.90 ± 0.13	4.45 ± 0.40	1.74 ± 0.06
	#3	0.93 ± 0.12	3.59 ± 0.49	1.64 ± 0.03
	Mean	1.47 ± 0.81	5.61 ± 2.45	2.00 ± 0.45

Table III.4 – Efficiency indexes of various commercial orthoses (values are reported as mean ± 90% confidence interval).

In Figure III.9 it can be noticed that an increasing stiffness is also accompanied by an increase in initial reaction force for drawer motions. This is due to the fact that the tested device has a zero-load position which is different from the initial fitted position. This behaviour is not characterized by the efficiency indexes but may have an impact on joint stabilisation.

It was convenient to represent the different effects of these orthoses in a net chart display with three axes, as shown in Figure III.10. For this purpose, normalized variables of each index were defined as:

$$\begin{cases} k_{\text{flexion}}^{\text{norm}} = \frac{k_{\text{flexion}}}{k_{\text{flexion}}^{\text{max}}} \\ k_{\text{drawer}}^{\text{norm}} = \frac{k_{\text{drawer}}}{k_{\text{drawer}}^{\text{max}}} \\ k_{\text{varus}}^{\text{norm}} = \frac{k_{\text{varus}}}{k_{\text{varus}}^{\text{max}}} \end{cases} \tag{III.5}$$

where $k_{\text{flexion}}^{\text{max}}$, $k_{\text{drawer}}^{\text{max}}$ and $k_{\text{varus}}^{\text{max}}$ are the maximum efficiency indexes of the compared set. In this case, the set comprised sleeves, hinged braces and rigid hinged orthoses; splints were not included because they aim at restraining all the degrees of freedom of the joint and their mechanical action is an order of magnitude higher.

Figure III.10a shows some discrepancy within hinged braces; for instance, brace #3 is very efficient to prevent drawer while brace #1 is poorly efficient but has the advantage of not restraining flexion too much. Concerning rigid hinged orthoses (Figure III.10b), the tested

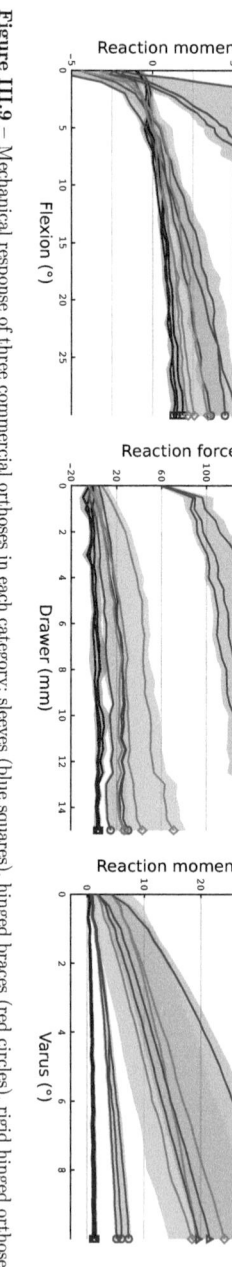

Figure III.9 – Mechanical response of three commercial orthoses in each category: sleeves (blue squares), hinged braces (red circles), rigid hinged orthoses (green diamonds) and splints (magenta triangles).

devices were relatively close to each other in terms of mechanical responses, although small differences may be noticed. Finally, Figure III.10c highlights the specificity of each category. Sleeves did not restrict much the different motions. Hinged braces were efficient to restrict drawer but not varus and were stiffer to bend than rigid hinged orthoses. The latter were found to be the most efficient devices overall because they restricted drawer and varus motions while allowing flexion.

III.3 Discussion

III.3.a FE modelling and model validation

The FE modelling approach developed within this study is an original attempt to investigate the link between a mechanical behaviour as measured on a surrogate testing device and the expected action *in vivo*. Some limitations of this method have been identified and are discussed below, but they were taken into account and do not discredit the given results.

The predictions of the FE model of the brace were not perfectly accurate for flexion and drawer motions (Section III.2.a). This was probably due to the formation of fabric creases that became apparent for flexion angles above 10°. These creases were not accurately reproduced numerically because no self-contact was defined on the fabric surfaces. This phenomenon can explain the higher experimental reaction moments in the second part of the flexion curves in Figure III.6. Concerning the drawer motion, the discrepancy observed in the second part of the curves (Figure III.6) was probably due to brace sliding at high displacements, and is characteristic of a stick-and-slip behaviour. It was not reproduced numerically; this is a very unstable and discontinuous phenomenon and even if it may be simulated with the Coulomb friction model by carefully adjusting the friction coefficient, it is complicated and not relevant.

The FE model of the deformable lower limb described in a previous study (Pierrat *et al.*, 2013) was not strictly experimentally validated. Furthermore, it is morphologically accurate and representative of a median subject, but large morphological and mechanical discrepancies exist between individuals. Consequently, the computed responses may differ significantly from one subject to another. However, this model was not intended to be subject-specific, but to give a more realistic alternative to a rigid limb model with conical shapes in order to investigate the level of mechanical difference. It is presumably more representative of a real human limb than the machine developed for this study or other robotic devices presented in the literature. The comparison between this FE model and the rigid FE model of the test machine shows that the responses are correlated but not similar. Correction factors are not negligible, and mechanical responses previously identified with similar experimental devices may be overestimated. The difference in terms of mechanical behaviour may be explained by a more realistic mechanical representation (deformation of soft tissues, skin sliding) and an accurate morphology. These

III.3 Discussion

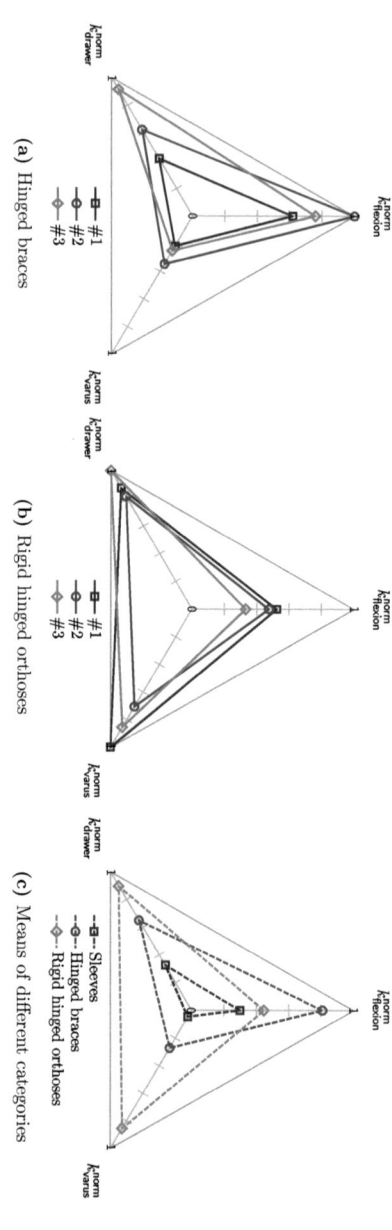

Figure III.10 – Net charts of the mechanical effect of knee orthoses regarding their motion restriction in flexion, drawer and varus, showing discrepancies within categories – hinged braces (a) and rigid orthoses (b) – and between different categories (c).

factors were characterised for hinged fabric braces, but as it was shown that they are independent of the tested brace design, they may be applied to responses of commercial orthoses as well.

III.3.b Efficiency characterisation

The efficiency indexes were formulated in order to have a comparison tool to grade knee orthoses. Their values depend on the mechanical response of the brace and of the regression domains. Even if these domains were arbitrarily set to correspond to the linear parts of the curves, they are related to the mechanics of the knee joint. The rotation amplitude of a flexion motion normally lies between 5 and 50° (Kadaba *et al.*, 1990), the chosen domain (5–30°) is more limited but is still representative of this motion. It is worth noting that hinged orthoses or sleeves are not designed to modify the mechanical response of the flexion motion, but a stiffer flexion should cause discomfort and consequently influence the patient's compliance to the treatment.

Concerning the drawer motion, the domain 2–8 mm corresponds to the transition between low and high passive stiffness of the joint, as shown by Eagar *et al.* (2001), explained by the tensioning of ligaments. A high rigidity is required from the orthotic device in this domain to compensate for deficient structures.

As for the varus motion, Markolf *et al.* (1976) found that the transition between low and high passive stiffness was around 2.7° (at 20° knee flexion), and that sectioning the LCL increased this value to 3.6°. The selected domain (1–10°) is broader but the linear part starts at $\sim 1°$, so the computed efficiency index is also valid for these domains. It is noteworthy that as most braces have a symmetric design and the test support is only slightly asymmetric, the characterized efficiency indexes for varus kinematics may also be valid for valgus kinematics.

One limitation of these indexes is that they do not take the initial forces/moments into account, yet these values are not negligible and may have an effect on joint stabilization. Large initial reaction forces applied by the orthoses were measured for the drawer motion (Figure III.9), ranging from -5 to 5 N for hinged braces, -5 to 10 N for rigid hinged orthoses and 60 to 65 N for splints. Initial positive reaction forces would probably have the effect of decreasing strain in the ACL by displacing the lower limb with respect to the thigh at the cost of increasing strain in the PCL.

Another limitation of the efficiency indexes is that they account for pure passive mechanical stiffness of the orthoses, but do no take the active behaviour of the joint into account (joint stiffening by active muscular recruitment, as investigated by Wojtys *et al.* (1996)), nor do they account for the comfort of these devices. In that way, orthotic manufacturers should not rely only on the optimization of their designs in the unique goal of maximizing these indexes but should have a joined approach with clinical data and patients' overall feelings.

III.3.c Recommendations for brace designs

A discussion on the different parameters and their effects is of interest. From Figure III.8, some design recommendations may be given by looking at the effect of different factors on the desired effect.

Optimized braces may be designed to prevent essentially drawer laxity by increasing strap tightening and decreasing brace size (circumference), at the cost of possible tolerance issues for the patient; consequently, they must be adjusted with caution. On the other hand, it was found that the most influential factor to prevent varus-valgus laxity is increasing brace length. Helical straps also specifically help to prevent this motion. Adding silicon pads or a patella opening did not have a high influence, but once again they might have an effect on the brace comfort. Finally, an interesting result is the effect of removing the brace fabric, resulting in a brace composed of hinged bars and straps only. This brace allowed a much less constrained flexion movement, while having almost no impact on the drawer and varus stiffness. As it was reported that knee bracing may impair performance of athletes (Houston et Goemans, 1982), such a design would yield better performances due to the lower flexion stiffness in cases where the compression effect of a fabric body is not required. Besides, most rigid hinged braces adopt this design.

Graphical representations of the measured motion restrictions as presented in Figure III.10 are an efficient tool to objectively compare different braces and quickly select a device based on the desired therapeutic effects. Such charts could be completed by other kinematics such as the pivot shift test and updated by manufacturers with different products, providing a simple evaluation and selection tool for both orthotic clinicians and product designers.

III.3.d Levels of mechanical actions

The characterised responses and indexes may be compared to previous studies. Liu *et al.* (1994) experimentally tested 10 rigid hinged orthoses on a similar surrogate limb with a drawer motion. From their data, an average efficiency index of 11.3 N/mm (min: 5.1, max: 18.3) was found. Cawley *et al.* (1989) did a similar study with the same type of orthoses but with a different surrogate limb design for drawer and valgus kinematics. For the drawer motions, their data lead to an average efficiency index of 5.6 N/mm (min: 3.0, max: 10.0); for the valgus motions, an average efficiency index of 1.07 N m/° (min: 0.38, max: 2.05) was found. Even if the latter study exhibits results close to those found in the present work, they may hardly be compared because of the different set of orthoses and the different surrogate limbs; these values emphasize the fact that results depend on the testing apparatus. In this regard, the proposed approach consisting in a FE validation of the testing device with a standard reference limb is essential.

Secondly, the efficiency indexes may be compared to the stabilisation brought by internal structures of the knee joint under physiological loads with respect to the tested motions. Data provided by Eagar et al. (2001) allowed to estimate the contribution of the ACL to the joint stiffness in response to a passive drawer. By comparing the mechanical response of intact and ACL-deficient knees, the equivalent efficiency index of the ACL was computed. It was found to be (3.8 ± 3.6) N/mm in the low stiffness region and (14.6 ± 6.0) N/mm in the high stiffness region. Applying the computed correction factor for this motion (0.75) on the most efficient orthosis in each category yield corrected indexes of (1.78 ± 0.33) N/mm; (2.39 ± 0.55) N/mm; (2.61 ± 0.82) N/mm; (6.6 ± 1.5) N/mm respectively. Fabric hinged braces and rigid orthoses may effectively compensate for an ACL deficiency in the low stiffness region, *i.e.* before this structure is put in tension, but their contribution would be low in the high stiffness region. Similarly, Pierrat et al. (2013) recommended an efficiency index of at least 8 N/mm to approach the stiffening effect of the ACL. Nevertheless, these devices may be effective to take the load off of the ligament for lower grade injuries (*e.g.* ACL partial tear). As for knee splints, they have a higher drawer efficiency index approaching the level of action of the ligament, meaning that they may then effectively compensate a complete ACL tear.

Concerning varus-valgus stability, Markolf et al. (1976) found a varus stiffness of (1.1 ± 1.2) N m/° in the low stiffness region and a terminal stiffness of (15.0 ± 5.7) N m/° for intact joints. Once again, the characterised orthoses may bring a substantial stability to the joint for low torques, but they are largely outperformed by internal structures for high torques.

Conclusion

An experimental surrogate lower limb has been developed in an attempt to standardise the evaluation of mechanical actions of knee orthoses. The motion restriction ability of the orthoses characterised by this phantom has been related to the corresponding expected *in vivo* actions, showing that the levels of action that were previously measured using similar devices and reported in the literature may be overestimated. Objective efficiency evaluation indexes have been proposed and measured for various orthoses, giving useful directions to design devices targeted to particular pathologies. When comparing the stiffening effect of different categories of commercial orthoses to the structural role of internal stabilizing structures of the joint for physiological loads, it was found that current hinged orthoses may bring a substantial stability to the joint for low loads and help with lower grade injuries, but their contribution would be insufficient to effectively replace complete deficient structures in terms of passive stiffness. Finally, this mechanical characterization needs to be completed by understanding how other mechanisms such as proprioceptive action, localized structural unloading or muscle recruitment participate in the global stabilization effect and how they are affected by a brace.

Bibliographie

S. AVRIL, L. BOUTEN, L. DUBUIS, S. DRAPIER et J.-F. POUGET : Mixed experimental and numerical approach for characterizing the biomechanical response of the human leg under elastic compression. *Journal of Biomechanical Engineering*, 132(3):031006, 2010.

B. E. BAKER, E. VANHANSWYK, t. BOGOSIAN, S, F. W. WERNER et D. MURPHY : A biomechanical study of the static stabilizing effect of knee braces on medial stability. *The American Journal of Sports Medicine*, 15(6):566–570, 1987.

B. E. BAKER, E. VANHANSWYK, S. P. BOGOSIAN, F. W. WERNER et D. MURPHY : The effect of knee braces on lateral impact loading of the knee. *The American Journal of Sports Medicine*, 17(2):182–186, 1989.

C. BECK, D. DREZ, J. YOUNG, W. D. CANNON et M. L. STONE : Instrumented testing of functional knee braces. *The American Journal of Sports Medicine*, 14(4):253–256, juil. 1986.

T. D. BROWN, J. E. VAN HOECK et R. A. BRAND : Laboratory evaluation of prophylactic knee brace performance under dynamic valgus loading using a surrogate leg model. *Clinics in Sports Medicine*, 9(4):751–762, 1990.

P. W. CAWLEY, E. P. FRANCE et L. E. PAULOS : Comparison of rehabilitative knee braces. *The American Journal of Sports Medicine*, 17(2):141–146, mars 1989.

K. T. L. CHEW, H. L. LEW, E. DATE et M. FREDERICSON : Current evidence and clinical applications of therapeutic knee braces. *American Journal of Physical Medicine & Rehabilitation*, 86(8):678–686, août 2007.

L. DUBUIS, S. AVRIL, J. DEBAYLE et P. BADEL : Identification of the material parameters of soft tissues in the compressed leg. *Computer Methods in Biomechanics and Biomedical Engineering*, 15:3–11, 2011.

P. EAGAR, M. L. HULL et S. M. HOWELL : A method for quantifying the anterior load-displacement behavior of the human knee in both the low and high stiffness regions. *Journal of Biomechanics*, 34(12):1655–1660, 2001.

S. L. EVANS et C. A. HOLT : Measuring the mechanical properties of human skin in vivo using digital image correlation and finite element modelling. *The Journal of Strain Analysis for Engineering Design*, 44(5):337–345, 2009.

E. P. FRANCE et L. E. PAULOS : In vitro assessment of prophylactic knee brace function. *Clinics in Sports Medicine*, 9(4):823–841, 1990.

L.-C. GERHARDT, A. LENZ, N. D. SPENCER, T. MÜNZER et S. DERLER : Skin-textile friction and skin elasticity in young and aged persons. *Skin Research and Technology*, 15(3):288–298, août 2009.

J. GOUPY : *Introduction to Design of Experiments with JMP Examples, Third Edition*. SAS Institute, 3 édn, 2007.

H. GÖK, S. ERGIN et G. YAVUZER : Kinetic and kinematic characteristics of gait in patients with medial knee arthrosis. *Acta orthopædica Scandinavica*, 73(6):647–652, 2002.

M. E. HOUSTON et P. H. GOEMANS : Leg muscle performance of athletes with and without knee support braces. *Archives of Physical Medicine and Rehabilitation*, 63(9):431, 1982.

IDATA RESEARCH : U.S. market for orthopedic braces & support devices 2012. Rap. tech., mai 2012.

IFTH : Campagne nationale de mensuration. Rap. tech., Institut Français du Textile et de l'Habillement, 2006.

M. P. KADABA, H. K. RAMAKRISHNAN et M. E. WOOTTEN : Measurement of lower extremity kinematics during level walking. *Journal of Orthopædic Research*, 8(3):383–392, 1990.

S. H. LIU, T. LUNSFORD, S. GUDE et J. VANGSNESS, C T : Comparison of functional knee braces for control of anterior tibial displacement. *Clinical orthopædics and related research*, 303(303):203–210, juin 1994.

T. R. LUNSFORD, B. R. LUNSFORD, J. GREENFIELD et S. E. ROSS : Response of eight knee orthoses to valgus, varus and axial rotation loads. *Journal of Prosthetics and Orthotics*, 2(4):274–288, 1990.

K. L. MARKOLF, J. S. MENSCH et H. C. AMSTUTZ : Stiffness and laxity of the knee-the contributions of the supporting structures. a quantitative in vitro study. *The Journal of bone and joint surgery. American volume*, 58(5):583–594, juil. 1976.

S. A. PALUSKA et D. B. MCKEAG : Knee braces : current evidence and clinical recommendations for their use. *American Family Physician*, 61(2):411–418, 423–424, 2000.

B. PIERRAT, J. MOLIMARD, L. NAVARRO, S. AVRIL et P. CALMELS : Evaluation of the mechanical efficiency of knee braces based on computational modeling. *In press*, sept. 2013.

P. RIBINIK, M. GENTY et P. CALMELS : Évaluation des orthèses de genou et de cheville en pathologie de l'appareil locomoteur. Avis d'experts. *Journal de Traumatologie du Sport*, 27(3):121–127, sept. 2010.

J. E. SANDERS, J. M. GREVE, S. B. MITCHELL et S. G. ZACHARIAH : Material properties of commonly-used interface materials and their static coefficients of friction with skin and socks. *Journal of Rehabilitation Research and Development*, 35(2):161–176, juin 1998.

SIMULIA : *ABAQUS 6.10-2 User Documentation*. Dassault Systems, 2010.

P. THOUMIE, P. SAUTREUIL et E. MEVELLEC : Orthèses de genou. première partie : Évaluation des propriétés physiologiques à partir d'une revue de la littérature. knee orthosis. first part : evaluation of physiological justifications from a literature review. *Annales de Réadaptation et de Médecine Physique*, 44(9):567–580, 2001.

P. THOUMIE, P. SAUTREUIL et E. MEVELLEC : Orthèses de genou. Évaluation de l'efficacité clinique à partir d'une revue de la littérature. *Annales de Réadaptation et de Médecine Physique*, 45(1):1–11, jan. 2002.

A. VERGIS, M. HINDRIKS et J. GILLQUIST : Sagittal plane translations of the knee in anterior cruciate deficient subjects and controls. *Medicine and Science in Sports and Exercise*, 29(12):1561–1566, 1997.

E. M. WOJTYS, S. U. KOTHARI et L. J. HUSTON : Anterior cruciate ligament functional brace use in sports. *The American Journal of Sports Medicine*, 24(4):539–546, juil. 1996.

Z. WU, C. AU et M. YUEN : Mechanical properties of fabric materials for draping simulation. *International Journal of Clothing Science and Technology*, 15(1):56–68, jan. 2003.

W. R. YU, T. J. KANG et K. CHUNG : Drape simulation of woven fabrics by using explicit dynamic analysis. *Journal of the Textile Institute*, 91(2):285–301, 2000.

CHAPITRE IV
Étude clinique basée sur des mesures de laximétrie en tiroir

Sommaire

Résumé 112
Introduction 114
IV.1 Material and methods 116
    IV.1.a Patients 116
    IV.1.b Knee braces. 116
    IV.1.c GNRB® arthrometer 118
    IV.1.d Protocol 120
    IV.1.e Data processing 121
IV.2 Results 122
    IV.2.a Subjective evaluation of stabilization and comfort 122
    IV.2.b Healthy and pathological knees 122
    IV.2.c Intra- and inter-subject variability 123
    IV.2.d Decoupled contributions of the structures 124
    IV.2.e Structure effects computed as k indexes 126
IV.3 Discussion 127
Conclusion 129
Bibliographie 132

Résumé

Suite aux simulations numériques et expérimentales, il était nécessaire de valider les résultats obtenus par des mesures *in vivo*. En effet, de telles mesures pouvaient éventuellement permettre de prendre en compte l'effet des orthèses sur la stabilisation indirecte de l'articulation par activation musculaire. Cependant, il fallait que les conditions expérimentales restent similaires aux tests précédents pour être comparables.

Nous avons vu dans le chapitre II que les blessures et pathologies impliquant le LCA induisent une laxité antérieure, mise en évidence lors du test de Lachman. Bien que ce test permette à un manipulateur expérimenté de diagnostiquer une rupture du LCA, une certaine variabilité dépendant de l'opérateur est avérée. Ainsi, des appareils appelés arthromètres ont été développés afin de reproduire mécaniquement ce test. Les plus connus sont le KT-1000, développé par Daniel *et al.* (1985), et le GNRB® (Robert *et al.*, 2009). Ce dernier étant régulièrement utilisé comme outil de diagnostic dans le service de chirurgie orthopédique du CHU de Saint-Étienne, il s'est avéré possible de mettre en place une étude clinique basée sur ce type de mesure.

Ce genre de test consiste à placer le membre inférieur en position horizontale dans l'appareil décrit sur la figure IV.2. Un support est plaqué sur la rotule du patient et maintenu serré par des sangles, venant encastrer le fémur. Un deuxième support vient appliquer une force antérieure progressive (jusqu'à 250 N) sous le mollet, ce qui induit un mouvement de tiroir antérieur de la jambe. Un capteur de déplacement venant s'appuyer sur la partie antérieure du tibia mesure son déplacement. Ce test est répété 3 fois sur les deux articulations (saine et pathologique), et les deux courbes déplacement–force sont comparées (figure IV.3). Les critères de rupture partielle et complète ont été définis d'après la laxité différentielle à 134 N, qui doit être supérieure à 1.5 mm dans le premier cas et supérieure à 3 mm dans le deuxième cas.

L'objectif est donc d'utiliser cet appareil pour tester des articulations avec et sans orthèses, et de voir le bénéfice apporté en termes de rigidification de l'articulation pathologique. Pour cela, 4 modèles d'orthèses ont été retenus et sont représentés sur la figure IV.1. Le manchon de compression est censé servir de témoin car nous avons vu que son action mécanique était très faible. Les trois autres orthèses sont les modèles de la gamme des genouillères manufacturées à base textile des partenaires industriels.

25 patients traités pour une laxité due à une déficience du LCA ont accepté de participer à cette étude. Le protocole expérimental était le suivant :

1. Mesures habituelles de laximétrie avec le GNRB® sur genou sain et genou pathologique.

2. Mise en place et ajustement d'une orthèse choisie au hasard par le patient lui-même sur son genou pathologique.

3. Évaluation de deux critères subjectifs par échelle visuelle analogique (EVA) : sensation de stabilisation (0–10) et de confort (0–10) après quelques mouvements (marche, appui unipodal, accroupissements).

4. Mesures de laximétrie du genou pathologique appareillé.

Les étapes 2 à 4 sont ensuite répétées pour chaque orthèse. L'avis favorable du comité d'éthique du CHU de Saint-Étienne pour ce protocole ainsi que les lettres d'information et de consentement destinées aux patients sont inclus dans l'annexe B.

Les résultats de l'analyse statistique de l'évaluation des critères subjectifs sont reportés sur la figure IV.5. On voit que seule la genouillère de contention est différente des 3 autres en termes de sensation de stabilisation (moins bonne) et de confort (meilleure). Les 3 autres produits ne présentent pas de différence significative entre eux.

Les mesures de laximétrie (retenues pour 16 patients) obtenues sur genou sain, pathologique et appareillé, permettent de découpler les contributions des différentes structures et de comparer leurs effets respectifs (principe décrit sur la figure IV.4 et résultats sur la figure IV.7). On peut constater que le manchon de compression a bien l'action mécanique la plus faible, et qu'on observe une gradation des performances des orthèses, même si les variabilités sont importantes. Comparée à l'apport du LCA, la meilleure orthèse apporte un niveau de rigidification similaire jusqu'à un déplacement de 2.8 mm. À partir de 5 mm, les orthèses sont surpassées par l'action du ligament, mais peuvent cependant jouer un rôle dans la stabilisation du genou lésé : en normalisant les niveaux de force par rapport au genou sain, le genou lésé se trouve à 48% tandis que le même genou appareillé avec la meilleure orthèse atteint 81% en moyenne. D'autre part, il faut noter qu'aucun lien significatif n'a été trouvé entre les notes EVA de stabilisation données par les patients et les mesures ojectives.

En termes d'indices k, les résultats sont étonnamment meilleurs que ceux obtenus sur la machine de test. On atteint des raideurs de 7.1 N/mm pour la meilleure orthèse (mesurée à 5.5 N/mm sur la machine), le LCA se situant à 13.9 N/mm. Il est intéressant de noter que la meilleure orthèse possède des sangles additionnelles hélicoïdales, qui ont montré leur effet bénéfique sur la machine : les ajouter permettait de doubler l'indice k du tiroir.

On peut essayer d'expliquer la sous-estimation des niveaux d'action par la machine en se rappelant que la rigidification active a pu jouer un certain rôle lors des tests *in vivo*. En effet, il n'est pas à exclure que le port d'orthèses ait stimulé une contraction en réaction à la force antérieure appliquée, ou qu'un phénomène proprioceptif soit entré en jeu. Cela permet d'envisager de manière optimiste les niveaux de rigidification apportés par l'effet proprioceptif des orthèses pouvant intervenir lors de sollicitations dynamiques, où ces phénomènes deviennent les mécanismes principaux de stabilisation.

Enfin, il est primordial de souligner l'importance de la personnalisation du choix d'une orthèse dans la démarche de soin. En effet, bien que les réponses moyennées (figure IV.7) permettent de classer les différentes orthèses, il s'avère que le meilleur dispositif dépendait fortement du sujet : les orthèses #1, #2 et #3 étaient les plus efficaces pour 4, 7 et 4 sujets respectivement, et le manchon pour 1 sujet. On peut donc d'ores et déjà préconiser la prise en compte de cette spécificité du patient dans la standardisation de l'évaluation des orthèses du genou.

Characterisation of *in vivo* mechanical actions of knee braces regarding their anti-drawer effect.

Baptiste Pierrat, Roger Oullion, Jérôme Molimard, Laurent Navarro, Marie Combreas, Stéphane Avril, Rémi Phillippot, Paul Calmels

Abstract

This article presents data evaluating the efficiency of three commercial hinged knee braces and one sleeve to prevent a static drawer loading using the GNRB® arthrometer, and the relationship between this objective characteristic and the patient's subjective feelings on stabilization and comfort. Testing of both pathological and healthy joints was performed on 16 patients with documented injuries involving the Anterior Cruciate Ligament (ACL), and an original method allowed to decouple the contribution of the different structures. Results showed that the compression sleeve had the lowest mechanical response and that the mean stiffness of the three hinged braces ranged between 2.0 and 7.1 N/mm. The most efficient brace was able to completely compensate for the ACL deficiency up to an anterior displacement of 2.8 mm; at 5 mm, the braced joint still reached 81% of the initial healthy knee force while the pathological knee was as low as 48%. However, the relative level of action dropped around this displacement value compared to an intact ACL because of the particular non-linear behaviour of this structure. Finally, results showed that such fabric-hinged braces may have a substantial mechanical effect, but a high patient-specificity of the measured responses highlighted the need of personalised objective testing for brace selection.

Introduction

The knee is the largest joint in the body and supports high loads, up to several times the body weight. It is vulnerable to injury during sport or professional activities, potentially leading to chronic knee instability. This instability is a functional issue to the patient and is characterized by a "wobbly" feeling. Different internal structures take part in joint stabilization by passive (ligaments, capsule) or active (neuro-muscular system and proprioception) action. The most common injury involves the anterior cruciate ligament (ACL) complete or partial rupture: it is involved in 24% of all knee injuries and 59% of ligamentous injuries (Bollen, 2000). In the United States, the annual incidence in the general population is approximately 1 in 3500 with 100 000 ACL reconstructions performed each year (Gordon et Steiner, 2004; Miyasaka *et al.*, 1991). These conditions are a huge burden on individuals and healthcare systems.

Diagnosis of knee instability involves a discussion with the patient and a clinical examination, usually the Lachman test. It consists in a manual anterior translation of the tibia aiming at putting the ACL in tension. By practice, the examiner is able to grade the laxity by severity (Dojcinovic et al., 2005). However, its sensitivity and specificity to detect complete ACL ruptures depend on the experience of the examiner, the patient's body type and the delay between the accident and examination (Collette et al., 2012). In order to reduce this variability, arthrometers were developed. These devices apply an increasing force to induce a postero-anterior drawer and measure the corresponding translation. Displacement–load curves of the healthy and injured knees are compared; ACL rupture is ascertained when differential laxity is higher than a certain threshold. Well-known arthrometer devices are the KT-1000 developed by Daniel et al. (1985) and the GNRB® (Robert et al., 2009). The former is very popular and has been widely studied; its sensitivity to detect complete ACL ruptures is 77% and its specificity 90% (threshold: differential laxity of 3 mm at 130 N). The latter was developed recently; two studies (Collette et al., 2012; Robert et al., 2009) highlighted the superiority of this device compared to similar apparatus. A differential threshold of 3 mm at 134 N is used to determine complete rupture: its sensitivity is 70% and specificity 99%. This arthrometer device is also used to diagnose partial ruptures (threshold of 1.5 mm at 134 N) with a sensitivity of 80% and a specificity of 87%.

Knee braces or orthoses are usually part of the standard therapy for knee instability and are commonly prescribed by physicians and medical practitioners. Their claimed mechanical effects are to support/align the joint and increase proprioceptive input (Paluska et McKeag, 2000). However, very few studies actually show significant actions, from biomechanical studies to therapeutic trials (Thoumie et al., 2001, 2002). Mechanical/physiological effects have been emphasized, but the mechanisms of action have been poorly characterized (Paluska et McKeag, 2000; Thoumie et al., 2001, 2002; Genty et Jardin, 2004; Beaudreuil et al., 2009; Chew et al., 2007). What is more, subjective evaluations of patients highlight a large demand for these products; therefore, their efficiency is still widely discussed among medical experts. In particular, the relative importance of the two principal stabilizing mechanisms is not known:

Passive mechanism: joint stiffening by adding supporting structures, *e.g.* hinged bars secured to the joint by straps and fabric.

Active mechanism: neuromuscular control enhancement by proprioceptive effect.

As a consequence of these uncertainties, medical practitioners and manufacturers still lack a simple evaluation tool for knee orthoses. A French committee of experts highlighted this problem (Ribinik et al., 2010) and stated that orthoses must be evaluated by taking both the mechanisms of action and the desired therapeutic effects into account.

Although the passive action of knee braces to prevent a drawer motion has already been characterized on surrogate limbs (Beck et al., 1986; Cawley et al., 1989; Liu et al., 1994), only one attempt has been made to link these measures to corresponding expected *in vivo* actions through numerical modelling (Pierrat et al., 2013a,b), highlighting a passive stiffening much lower than what is brought by intact ligaments. However, a real clinical study is still needed to validate the numerical and experimental results and investigate the influence of patient-specific factors such as morphology, injury severity, neuromuscular adaptation and instability feeling control.

This study is aimed at objectively quantifying the joint stiffening action of various commercial braces *in vivo* using a GNRB® arthrometer on a number of pathological patients.

IV.1 Material and methods

The described protocol has been validated by the Ethical Committee of the University Hospital of Saint-Etienne, France.

IV.1.a Patients

A sample of 25 subjects (16 males and 9 females) were selected for this study among hospitalized patients in the orthopædic and traumatology surgery unit of the University Hospital of Saint-Etienne, France. The inclusion criteria were the following:

- Patients being treated for functional knee instability, either a chronic laxity or after ACL injury, before reconstructive surgery.
- Acute knee anterior instability (positive Lachman drawer test).
- Patients that had been prescribed an arthrometer test in this context.
- Independent walkers.
- Patients who have agreed study conditions and signed the information notes.

Some exclusion criteria were also identified:

- Very recent trauma (*e.g.* acute sprained knee).
- Other musculoskeletal disease (*e.g.* fracture, arthrosis...).

Subjects were prospectively and consecutively recruited from February 2013 to July 2013. The characteristics of the whole recruited population are described in Table IV.1.

IV.1.b Knee braces

Three local orthotic manufacturers agreed to lend their products for this study (Gibaud®, Lohmann & Rauscher® and Thuasne®). As a wide range of knee braces is available (both custom-fitted and off-the-shelf orthoses), the focus was placed on fabric-based off-the-shelf hinged braces which are the highest-selling products of these manufacturers for the studied clinical indication.

The following products were selected for testing (one control brace, and one hinged brace for each manufacturer):

ID	Sex	Age	Height (cm)	Weight (kg)	Knee circ. (cm)	Lax. at 134 N, healthy knee (mm)	Lax. at 134 N, pathol. knee (mm)
1*	M	26	184	98	39	2	5.2
2	F	21	159	54	35	4.4	6.2
3*	M	44	177	75	38	4.8	6.5
4	M	20	182	80	39	4.4	7.2
5*	F	26	167	53	33	3.5	4.4
6	M	26	167	60	35	3.9	7.5
7	F	17	163	57	37	4	9.2
8	M	28	174	68	35	5	7.8
9	F	34	169	69	40	4.7	10.1
10	M	20	173	78	37	3.6	5.9
11	F	29	171	56	36	4.8	8.5
12	M	22	184	75	40	5.2	8.2
13	M	23	178	63	37	3.8	8.3
14	M	25	184	96	43	4.9	8.2
15*	M	28	175	65	36	7.6	8.8
16*	M	15	180	65	38	4.8	13.5
17*	M	13	171	56	36	5.8	11
18	M	24	183	92	42	4.7	7.4
19	F	43	164	74	37	4.3	6.2
20	M	18	175	72	42	6.3	9.3
21*	F	26	160	61	37	3.6	11.5
22*	M	48	159	88	41	3.4	4.9
23*	F	59	165	70	42	4.4	5.7
24	M	29	182	76	39	5.1	10.2
25	F	18	169	56	34	4.4	6.6
av.		**27**	**173**	**70**	**38**	**4.5**	**7.9**

* Subjects not included in the final results due to outlying GNRB® measurements.

Table IV.1 – Subject characteristics with measured laxities of healthy and pathological knees using the GNRB® arthrometer.

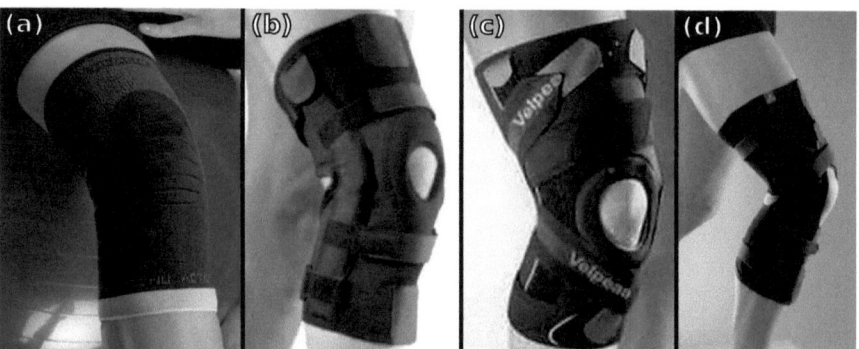

Figure IV.1 – Panel of knee braces selected to be tested: Thuasne Genuaction (a), Gibaud GenuGib Stab (b), Lohman & Rauscher Ligaction Pro (c) and Thuasne Ligaflex (d).

- Compression sleeve: Thuasne Genuaction (control brace).
- Fabric hinged orthoses:
  — Gibaud GebuGib Stab
  — Lohmann & Rauscher Ligaction Pro
  — Thuasne Ligaflex Evolution

They are depicted in Figure IV.1.

From now on, the names of the braces have been replaced by numbers to de-identify the products and not penalize the manufacturers.

The compression sleeve was selected to act as a control brace, because its passive mechanical stiffening action was characterised as negligible (Pierrat *et al.*, 2013a). Consequently, its effect should not be measured by the arthrometer unless its proprioceptive effect activates muscular stiffening during the tests. The three other braces are similar in design (fabric with hinged rigid bars and straps) but previous work showed slightly different levels of mechanical actions (Pierrat *et al.*, 2013a). They are prescribed for moderate and serious sprains, chronic laxity or during the rehabilitation process. It is noteworthy that brace #2 slightly differs from the two other braces in the sense that it features supplementary helical straps, and because it had an open design (unlike the two others that were closed cylinders).

Braces were available in different sizes and chosen accordingly to the subject's knee circumference. They were adjusted by the subjects themselves.

IV.1.c GNRB® arthrometer

The GNRB® system is shown in Figure IV.2. It has already been described and evaluated in the literature (Collette *et al.*, 2012; Robert *et al.*, 2009; Lefevre *et al.*, 2013).

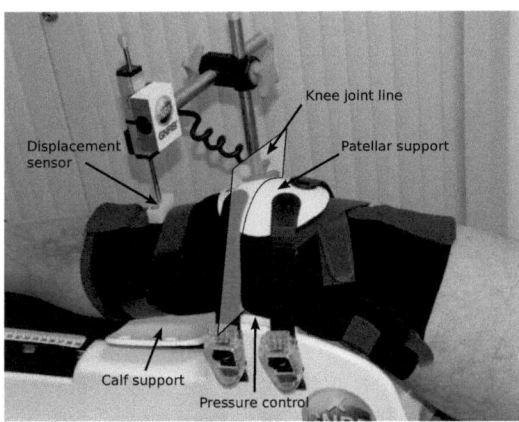

Figure IV.2 – GNRB® system.

The usual test protocol is the following. The patient is lying on a table; the lower limb is placed in the support such as the knee is in neutral rotation and the joint line is aligned between the calf support and the thigh support. The ankle and patella are held in place by strapped supports. The tightening of the latter support is controlled by a force sensor to be about 60 N. The patient is asked to relax and an electric actuator exerts an increasing load (up to 250 N) at 11 mm/s through the calf support. A displacement transducer (accuracy of 0.1 mm) measures the relative displacement of the tibia with respect to the patella with a sampling of 5 N, and a displacement-force curve is plotted. This procedure is usually performed once to check if the knee is painful, then three times in a row to check the reproducibility and compute the final response as the mean of these three curves. The maximum force is usually 250 N but may be reduced to 200 N or 134 N if the patient feels pain. The usual protocol consists in testing both the healthy and pathological knee to compare the responses and diagnose the degree of laxity. The criterion for the diagnosis of ligament injury is the differential laxity Δ at 134 N: complete ACL rupture is characterised by $\Delta \geq 3$ mm (sensitivity of 70% and specificity of 99% (Robert et al., 2009)) and partial rupture by $\Delta \geq 1.5$ mm (sensitivity of 80% and specificity 87% (Robert et al., 2009)).

Examples of curves given by this usual testing protocol for subjects 5 and 11 are reported in Figure IV.3, showing two different grades of injury: a partial tear and a complete ACL rupture.

Preliminary tests have showed no difficulty to perform laxity measurements on this apparatus with any of the knee braces because they all feature a patella opening allowing the patellar support to push directly on this area, and the rigid elements of the braces were not interacting with the securing system of the GNRB® (the hinged bars were free to move, as seen in Figure IV.2).

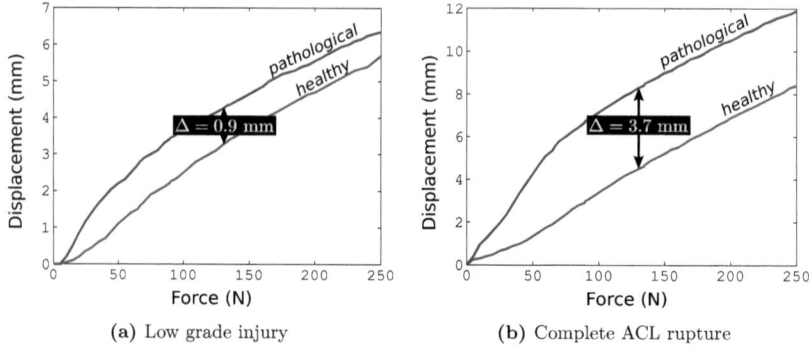

Figure IV.3 – Response curves as given by the GNRB® device: (a) partial tear with differential laxity of 0.9mm at 134 N (subject 5); (b) complete ACL rupture with differential laxity of 3.7mm at 134 N (subject 11).

IV.1.d Protocol

As the normal diagnosis for these patients involved laxity measurement of both healthy and pathological knee with the GNRB® arthrometer, they were asked to take part of this study and perform 4 supplementary tests with the four different knee braces fitted on their pathological knee. Patients were also asked to grade the braces using a Visual Analog Scale (VAS) regarding two subjective criteria: stabilization sensation (0: no stabilization; 10: complete stabilization) and comfort (0: intolerable; 10: extremely comfortable).

As the internal structures of the knee were reported to have a highly visco-elastic behaviour (Bonifasi-Lista et al., 2005), one may expect that the repetition of tests would influence the measured laxities. Consequently, the order of the 4 braces to be tested was randomized for each subject.

The testing protocol took place in the following manner:

1. The usual laxity measurements were performed (on both healthy and pathological knees), with maximum forces of 250 N if possible, or lower if the subject experienced pain.

2. The appropriate size of the tested brace was fitted and adjusted by the patient himself, who had to walk around the room to be sure that it was properly tightened and fitted. Special care was taken in aligning the axis of rotation of the hinged bars with the axis of rotation of the knee.

3. The subjective evaluation of stabilization and comfort was performed after a few movements: 20 m walking, one-foot standing and squatting.

4. The subject was asked to place the braced pathological knee on the GNRB® for three consecutive tests (with maximum forces of 250 N or lower).

Steps 2 to 4 were repeated for each of the 4 braces.

A physical therapist experienced in using the GNRB® and in evaluating ACL deficiency performed the procedures.

IV.1.e Data processing

Collected data for each subject consisted in variables reported in Table IV.1, one averaged GNRB® test curve for the healthy knee and one for the pathological knee, three test curves for each brace and the two VAS scores for comfort and stabilization. The healthy knee was determined to be normal by subjective and objective testing and was used as the control.

Concerning laxity measurements, some patients were excluded from the final data due to outlying measurements:

- Patients with a differential laxity at 134 N lower than 1.8 mm (5 subjects) or higher than 7 mm (2 subjects).
- Patients who experienced pain and could not reach 200 N (1 subject).
- Patients who exhibited test curves with a highly different curvature than others (1 subject).

Consequently, data processing of laxity measurements was performed for 16 subjects (10 males and 6 females).

In order to compare the stiffening levels of the 4 braces, their action had to be decoupled from the inherent stiffness of the knee. For this purpose, the mechanical system could be modelled as three springs in parallel, as depicted in Figure IV.4: the ACL, the other structures of the knee and the brace. This parallel representation is valid because the displacement of the ensemble of structures is their common displacement. Consequently, the force applied on the ensemble is the sum of their individual forces.

As the arthrometer measures displacements for every 5 N load and produces displacement–load curves, the curves were interpolated using splines and re-sampled in displacement (every 0.05 mm) to obtain load–displacement curves. This was done to be able to add or subtract the different load responses. Confidence intervals (CIs) on the means were computed using Student's t distribution assuming that values were normally distributed.

It was assumed that injured patients had a deficient ACL. Consequently, the following operations were performed for each subject to decouple the responses:

Contribution of other knee structures: pathological knee curve.

Contribution of the brace: {braced pathological knee curve} − {pathological knee curve}.

Contribution of the ACL: {healthy knee curve} − {pathological knee curve}.

For comparing datasets between braces (VAS scores, brace effects), multiple comparison tests were performed. Outliers were defined as values larger than $q_3 + (q_3 - q_1)$ or smaller than $q_1 - (q_3 - q_1)$, where q_1 and q_3 are the 25th and 75th percentiles, respectively. This corresponds

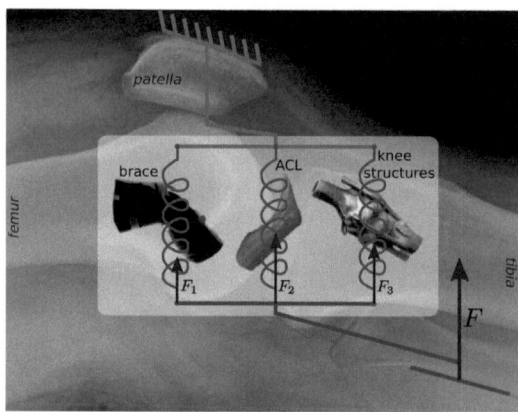

Figure IV.4 – Schematic illustration of the braced knee mechanical system as three springs in parallel, representing the stiffness brought by the brace, the ACL and the other knee structures. In this case, the total force F applied to the system is distributed among the springs so that $F = F_1 + F_2 + F_3$.

to approximately $\pm\, 2\sigma$ and 95% coverage if the data are normally distributed. The Matlab® R2012 was used to process all data.

Finally, the overall additional stiffness brought by the braces was characterised in terms of k indexes, as introduced in previous works (Pierrat et al., 2013a,b). This was performed by fitting a 1st order polynomial to the response of the braces for each subject, for displacements between 1 and 5 mm (linear part). The k index is the slope of the fitted line.

IV.2 Results

IV.2.a Subjective evaluation of stabilization and comfort

The results of the subjective evaluation of the stabilization and comfort sensation of the tested braces is shown in Figure IV.5. No statistical difference was observed between the three hinged braces. However, the compression sleeve was reported to be statistically less stabilizing than the three braces, and more comfortable than braces #2 and #3. In all cases, a substantial scattering of the scores was observed.

IV.2.b Healthy and pathological knees

Raw test curves of the healthy and pathological knees as given by the GNRB® arthrometer are shown in Figure IV.6 for the 16 subjects. A high scattering of the curves can be noted. It was attempted to normalize GNRB® measurements by weight, size or knee circumference, but

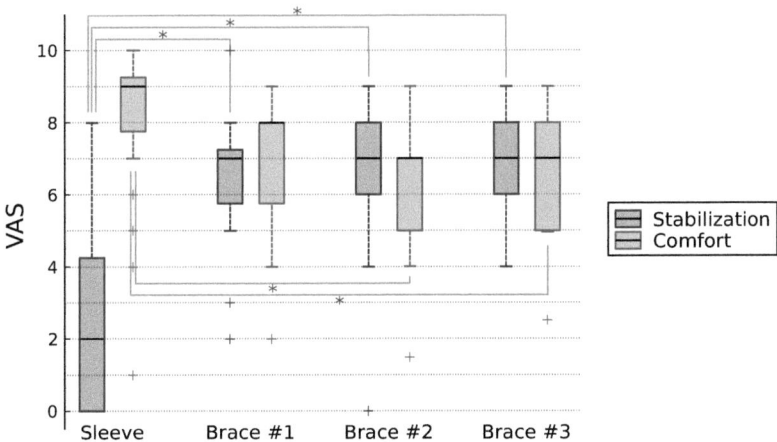

Figure IV.5 – Box plot of the VAS scores regarding the subjective evaluation of stabilization sensation and comfort of the different braces (25 subjects). On each box, the central black mark is the median, the edges of the box are the 25th and 75th percentiles and the whiskers extend to the most extreme data points not considered outliers. Stars show statistically different means between braces ($p \geq 0.95$) and plus signs the outliers.

it did not affect the relative standard deviations. Besides, no significant statistical difference was observed between males and females. However, means of healthy and pathological knees were still statistically very different, as indicated by computing the average differential laxities: 3.3 mm at 134 N and 3.8 mm at 250 N.

IV.2.c Intra- and inter-subject variability

Laxity tests with the braced pathological knees were performed three times and results were extracted before being averaged by the GNRB® system, so it was possible to investigate intra-subject variability of these data. It was calculated as the standard deviations of the 3 displacement curves for the four different braces (the type of brace had no effect on the scattering of the results) at 134 N and 250 N. A mean standard deviation of 2.3 mm was found at 134 N and 4.2 mm at 250 N. Both these values corresponded to a relative dispersion of 3.8%, which indicated a good reproducibility of the tests for each patient.

Inter-subject variability was characterised as the standard deviation between averaged measurement. A mean standard deviation of 15 mm was found at 134 N and 19 mm at 250 N (relative dispersions of 24% and 17% respectively). This high variability shows that GNRB® measurements are very specific to each subject; this observation may be explained by different grades of injury and by the documented variability in mechanical properties of internal structures

IV.2 Results

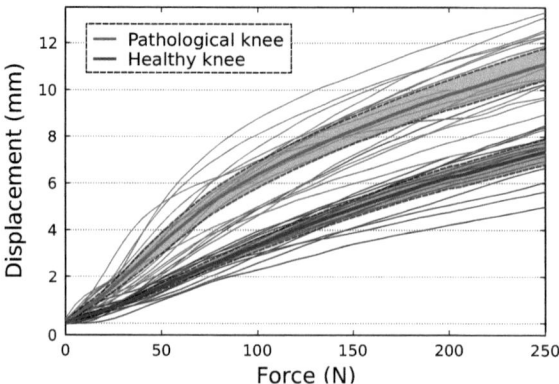

Figure IV.6 – Displacement-load test curves given by the GNRB® arthrometer of healthy and pathological knees for the 16 subjects. Bold lines represent the means and dashed lines the 95% CIs for the means.

between individuals (Quapp et Weiss, 1998). It highlights the importance of statistical tests to determine if further results are significant for this number of subjects.

IV.2.d Decoupled contributions of the structures

The mean decoupled contributions of the different structures computed as described in Section IV.1.e is shown in Figure IV.7. The healthy knee response is also shown to have an idea of the relative contribution of each structure. Firstly, the stiffness brought by the compression sleeve was very small, although it was not zero. The load taken by this sleeve increased between 0 and 1 mm drawer and rapidly stabilized around 14 N for higher displacements. The three hinged braces have relatively different responses and may be graded in terms of anti-drawer efficiency using these measurements: at 5 mm displacement, reaction forces were 27, 37 and 53 N for brace #3, #1 and #2 respectively. The curve profiles were similar with a rapid load increase up to 1 mm drawer, followed by a slower increase. It is noteworthy that reaction forces peaked around 5 mm displacement and slightly decreased thereafter for braces #3 and #1. This was not characteristic of brace #2, although this particularity may be explained by the fact that no high displacements were measured with this brace, so this curve stops before the other ones.

Confidence intervals were large and some overlaps are visible, meaning that the responses between some braces were not statistically different ($p \geq 0.95$). Only the compression sleeve had a significantly different response for displacements lower than 4 mm.

The load–displacement curve of the ligament exhibited a different profile: its response was more linear, even slightly exponential. Consequently, forces at low displacements were lower

Chapitre IV. ÉTUDE CLINIQUE

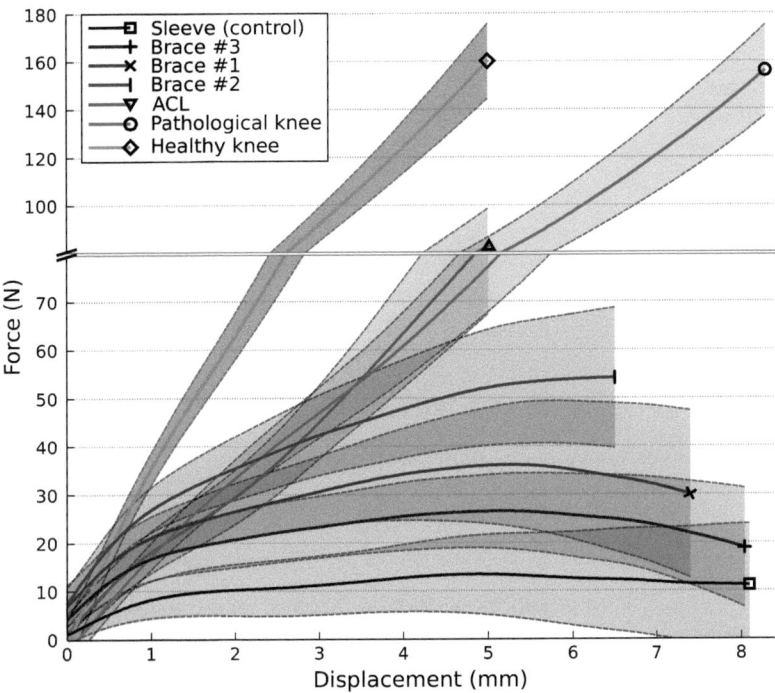

Figure IV.7 – Mean decoupled load-displacement curves of the following structures for the 16 subjects: the compression sleeve, the three hinged braces, the ACL, the other structures of the knee and the healthy knee (as reference). Bold lines represent the means and dashed lines the 95% CIs for the means.

than values measured for braces, then largely exceeded these devices for higher displacements, reaching 83 N at 5 mm. This overrun occurred around 0.8 mm for brace #3, 1.6 mm for brace #1 and 2.8 mm for brace #2.

Interestingly, the mean response of the other structures of the knee (obtained with the pathological knees) was found to be very close to the response of the ACL alone, even if the ACL curve was concave while the other curve had a convex profile. This means that the ACL contributed to about half of the overall knee stiffness between 0 and 5 mm anterior displacement.

When comparing the healthy knee responses to the braced pathological knees, it was observed that the braces brought a substantial amount of stiffness compared to the pathological joints. In average, the knees braced with devices #3, #1 and #2 applied an even greater reaction force than the healthy joints for anterior displacements below 0.8 mm, 1.6 mm and 2.8 mm respectively. At 5 mm displacement, the relative load contributions normalized to the average healthy knee were the following (with 95% CI on the means):

125

IV.2 Results

Structure	Mean k index (N/mm)	Standard deviation (N/mm)	N
Compression sleeve	1.2	3.0	15
Brace #1	5.5	2.8	14
Brace #2	7.1	4.3	15
Brace #3	2.0	2.5	15
ACL	13.9	3.6	12
Pathological knee	14.3	4.8	16
Healthy knee	28.3	5.1	14

Table IV.2 – Mean k indexes computed for the different structures of N subjects after removing the outliers.

Pathological knee alone: $(48 \pm 6)\,\%$ of the healthy knee.

Pathological knee braced with compression sleeve: $(57 \pm 8)\,\%$ of the healthy knee.

Pathological knee braced with brace #3: $(65 \pm 7)\,\%$ of the healthy knee.

Pathological knee braced with brace #1: $(71 \pm 8)\,\%$ of the healthy knee.

Pathological knee braced with brace #2: $(81 \pm 9)\,\%$ of the healthy knee.

IV.2.e Structure effects computed as k indexes.

As the responses were rather linear within the regression domain (1–5 mm), the fits were good and the coefficients of determination R^2 were almost always higher than 0.9. The mean k indexes of the different structures are displayed in Table IV.2. The ranking of the different devices in terms of efficiency to prevent drawer is the same as previously presented: the compression sleeve exhibited a very low mechanical action, and hinged braces presented large differences. As the standard deviations were high, the p-values were computed for each pair to determine whether differences were significant ($p \leq 0.05$). Each pair was significantly different except the following structures: braces #1 and #2 ($p = 0.27$), brace #3 and compression sleeve ($p = 0.58$) and ACL and pathological knee ($p = 0.75$). Braces #1 and #2 were found to bring significantly more stiffness than a simple sleeve. However, the k index of the ACL was found to be twice higher than the index of the most efficient brace. The results did not allow to determine a significant difference between braces #1 and #3, and between braces #1 and #2.

Finally, it is noteworthy that no correlation was found between the differential laxity and the k indexes of the braces, meaning that the devices had the same mechanical effect for various degrees of laxity. Subsequently, no device was found to act differently between males and females, and no correlation was found with age or knee circumference. Note that this may only mean that the number of subjects was not high enough to determine significant correlations.

IV.3 Discussion

This work was preceded by two other studies that introduced numerical (Pierrat *et al.*, 2013b) and experimental (Pierrat *et al.*, 2013a) tools to evaluate knee orthoses with a similar approach, so these studies are incorporated in the discussions. Some limitations of the presented methodology have also been identified and are discussed below, but they were taken into account and do not discredit the given results.

Most of the recruited subjects did not usually wear a knee brace. Consequently, they may have adjusted their devices differently than if they were regularly wearing them, and this fact must be taken into account when looking at the VAS scores. It may partly explain the high scattering of the grades, as the subjects did not have a common reference sensation of stabilization and comfort of braces.

No significant relationship was found between subjective stabilization grades and objective stiffening measurements for the 3 different hinged braces. It means that subjects were not able to grade the efficiency of these devices based on their feelings, and that physicians and manufacturers should rely on objective evaluation rather than on patient's feelings about a particular brace. However, VAS scores may still be helpful for comfort assessment. Indeed, an objective methodology to characterise wearing comfort over time has yet to be developed.

It is possible to compare the decoupled responses to the levels of action measured by other evaluation tools presented in two previous studies (Pierrat *et al.*, 2013a,b). The numerical study highlighted the influence of brace design on its ability to prevent a drawer motion. The presented braces essentially differed in terms of strap and fabric layout and fabric stiffness. Brace circumferences may also vary: even if sizes were chosen accordingly to the manufacturer's size charts, a product may size too small and another too big. By selecting a factor range representative of the 4 tested braces, the numerical model predicted efficiency indexes ranging from 1.9 to 3.4 N/mm and corresponding pressure indexes between 2.9 and 7.1 kPa. The exact same braces have also been experimentally tested on the developed surrogate lower limb and the following mean drawer indexes have been measured:

Brace #1: (1.85 ± 0.36) N/mm

Brace #2: (5.49 ± 0.69) N/mm

Brace #3: (3.36 ± 0.53) N/mm

The most efficient brace was found to be the same as in the present study. It is noteworthy that indexes computed from arthrometer measurements are higher than those computed from the data measured by the test machine. Some numerical comparison in this study also suggested that testing these braces on a real limb would yield even lower efficiency indexes, which was found here to be incorrect. This may be partially explained by the fact that *in vivo* measurements may be slightly influenced by proprioceptive and active reaction of the subjects. Indeed, the GNRB® arthrometer has been reported to slightly underestimate differential laxities compared

IV.3 Discussion

to a standard technique (Jenny et Arndt, 2013), in this case an intraoperative navigation measurement. This difference might be partially due to involuntary muscle contraction, and to the fact that the anterior motion may be associated to rotation of the joint. The passive state of the limb was indeed subject to caution: several subjects reacted to pain at high loads by contracting the joint stabilizer muscles. Consequently, the measured reaction forces and computed stiffness indexes may be overestimated compared to a complete passive response (*e.g.* cadaver knee). This assumption is partially confirmed when comparing computed indexes to data available in the literature on cadaver knees: original data from Eagar *et al.* (2001) allowed to compute mean k indexes of 10.1 and 2.9 N/mm for healthy and pathological knees, and 7.1 N/mm for the ACL contribution. Even if the test conditions and specimen were not equivalent, it can reasonably be assumed that there may be non-negligible contribution of active stiffening of the joint in the measures from the GNRB® system. As knee braces have been reported to modify muscle activation of the lower limb (Osternig et Robertson, 1993; Ramsey *et al.*, 2003; Théoret et Lamontagne, 2006; Wojtys *et al.*, 1996), the decoupled responses may also involve indirect active stiffening. An interesting addition to this study would have been to reproduce these experiments while measuring the muscle activity using electromyography (agonist/antogonist contraction/co-contraction).

Besides, another potential bias leading to a slight overestimation of the brace effect was that the brace was not entirely free around the joint, as it would be in a natural standing position; the back fabric fitted between the limb and the support of the GNRB®.

The effect of helical straps of brace #2 was also characterised by the test machine; removing this feature resulted in a decrease of the k index by a factor 2. Besides, this feature also had an effect of preventing the drop in reaction force for displacements higher than 8 mm, and the comparison with the present study shows that this feature definitely helped reducing the drawer.

Altogether, the characterised *in vivo* efficiencies of these fabric-based braces as measured in this study give more optimistic results than what had been measured using a surrogate limb as testing device. Theses knee braces were found to effectively replace the mechanical role of the ACL up to anterior displacements of 1–4 mm, and even provided a corrected stiffness of 81% of the healthy knee for the most efficient brace at 5 mm, whereas the relative stiffness of the pathological knee was only 48%. Eagar *et al.* (2001) showed that this value of 5 mm corresponds to the mean anterior displacement at which the mechanical behaviour of the joint changes from a low stiffness region (7.3 N/mm) to a high stiffness region (35.7 N/mm) because of the tensioning of the ACL. Consequently, the brace was able to compensate for a deficient ACL in the low stiffness region only. This is in agreement with the literature (Branch *et al.*, 1988). More efficient brace designs should ideally mimic the non-linear mechanical behaviour of the ligament and induce an increase of the stiffening level as the anterior displacement increases, instead of quickly reaching a maximal load as seen in Figure IV.7. This can be done by operating on both passive and active mechanisms. The most straightforward technique is to optimize brace designs in order to maximize their passive stiffness, by using standardised surrogate limbs as testing devices. However, joint stability also comes from muscle activation. Wojtys *et al.* (2002) used an arthrometer to measure sagittal-plane shear stiffness of passive and active knees. Passive knees exhibited a mean stiffness of 18.7 N/mm (men) and 19.3 N/mm (women) while active limbs resulted in stiffer joints: 70.9 N/mm (men) and 40.7 N/mm (women). That is, the stabilizing effect of an optimised brace could be enough to compensate for a deficient ACL if the muscles are recruited as the main active stabilizers, as proposed by Wojtys *et al.* (1996). Consequently, novel methods have yet to be developed to understand and evaluate the effect of brace design on its ability to stimulate the active recruitment of the musculature to participate in maintaining joint stability.

It is also important to note that a high patient-specificity was found in the results, characterised by a large scattering, and the given conclusions are based on mean tendencies. However, the best brace was not always the same: it was brace #1 in 4 cases, brace #2 in 7 cases, brace #3 in 4 cases and the compression sleeve in 1 case. Consequently, a patient-specific approach is strongly desirable when actually selecting a brace for a given subject.

Conclusion

The ability of three commercial fabric hinged knee braces to effectively compensate for a deficient ACL was tested *in vivo* using a GNRB® arthrometer on 16 patients. It was determined that based on subjective feelings, subjects were not able to predict which brace would be the most efficient on themselves, highlighting the importance of objective testing procedures for these devices. Subsequently, it was found that these braces effectively replaced the mechanical role of the ACL for low displacement – low force, *i.e.* within the low stiffness region of this structure. Finally, some results suggested that braces may stimulate an indirect stiffening mechanism (stabilizing contraction of muscles), which should be further investigated as it might prove to be a major part of their efficiency in active dynamic situations. This study was part of a global approach in evaluating these devices which will hopefully lead to the introduction of efficiency-labels directed at manufacturers, for the benefit of the patients. Further studies should also consider a patient-specific approach.

Bibliographie

J. BEAUDREUIL, S. BENDAYA, M. FAUCHER, E. COUDEYRE, P. RIBINIK, M. REVEL et F. RANNOU : Clinical practice guidelines for rest orthosis, knee sleeves, and unloading knee braces in knee osteoarthritis. *Joint, Bone, Spine*, 76(6):629–636, 2009.

C. BECK, D. DREZ, J. YOUNG, W. D. CANNON et M. L. STONE : Instrumented testing of functional knee braces. *The American Journal of Sports Medicine*, 14(4):253–256, juil. 1986.

S. BOLLEN : Epidemiology of knee injuries : diagnosis and triage. *British journal of sports medicine*, 34(3):227–228, juin 2000.

C. BONIFASI-LISTA, S. P. LAKE, M. S. SMALL et J. A. WEISS : Viscoelastic properties of the human medial collateral ligament under longitudinal, transverse and shear loading. *Journal of Orthopædic Research*, 23(1):67–76, jan. 2005.

T. BRANCH, R. HUNTER et P. REYNOLDS : Controlling anterior tibial displacement under static load : a comparison of two braces. *Orthopedics*, 11(9):1249–1252, sept. 1988.

P. W. CAWLEY, E. P. FRANCE et L. E. PAULOS : Comparison of rehabilitative knee braces. *The American Journal of Sports Medicine*, 17(2):141–146, mars 1989.

K. T. L. CHEW, H. L. LEW, E. DATE et M. FREDERICSON : Current evidence and clinical applications of therapeutic knee braces. *American Journal of Physical Medicine & Rehabilitation*, 86(8):678–686, août 2007.

M. COLLETTE, J. COURVILLE, M. FORTON et B. GAGNIÈRE : Objective evaluation of anterior knee laxity ; comparison of the KT-1000 and GNRB® arthrometers. *Knee Surgery, Sports Traumatology, Arthroscopy*, 20(11):2233–2238, nov. 2012.

D. DANIEL, L. MALCOM, G. LOSSE, M. STONE, R. SACHS et R. BURKS : Instrumented measurement of anterior laxity of the knee. *Journal of Bone and Joint Surgery. American Volume*, 67(5):720–726, 1985.

S. DOJCINOVIC, E. SERVIEN, T. A. S. SELMI, C. BUSSIÈRE et P. NEYRET : Instabilités du genou. *EMC - Rhumatologie-Orthopédie*, 2(4):411–442, juil. 2005.

P. EAGAR, M. L. HULL et S. M. HOWELL : A method for quantifying the anterior load-displacement behavior of the human knee in both the low and high stiffness regions. *Journal of Biomechanics*, 34(12):1655–1660, 2001.

M. GENTY et C. JARDIN : Place des orthèses en pathologie ligamentaire du genou. revue de la littérature. *Annales de Réadaptation et de Médecine Physique*, 47(6):324–333, août 2004.

M. D. GORDON et M. E. STEINER : *Anterior cruciate ligament injuries*, p. 169–181. American Academy of Orthopædic Surgeons, 2004.

J.-Y. JENNY et J. ARNDT : Mesure de la laxité antérieure du genou par des radiographies dynamiques et le système GNRB®. comparaison avec la mesure naviguée peropératoire. *Revue de Chirurgie Orthopédique et Traumatologique*, 99(6, Supplement):201–204, oct. 2013.

N. LEFEVRE, Y. BOHU, J. F. NAOURI, S. KLOUCHE et S. HERMAN : Validity of GNRB® arthrometer compared to telos™ in the assessment of partial anterior cruciate ligament tears. *Knee Surgery, Sports Traumatology, Arthroscopy*, jan. 2013.

S. H. LIU, T. LUNSFORD, S. GUDE et J. VANGSNESS, C T : Comparison of functional knee braces for control of anterior tibial displacement. *Clinical orthopædics and related research*, 303(303):203–210, juin 1994.

K. C. MIYASAKA, D. M. DANIEL, M. L. STONE et P. HIRSHMAN : The incidence of knee ligament injuries in the general population. *American Journal of Knee Surgery*, 4(1):3–8, 1991.

L. R. OSTERNIG et R. N. ROBERTSON : Effects of prophylactic knee bracing on lower extremity joint position and muscle activation during running. *The American Journal of Sports Medicine*, 21(5):733–737, sept. 1993.

S. A. PALUSKA et D. B. MCKEAG : Knee braces : current evidence and clinical recommendations for their use. *American Family Physician*, 61(2):411–418, 423–424, 2000.

B. PIERRAT, J. MOLIMARD, L. NAVARRO, S. AVRIL et P. CALMELS : Evaluation of the mechanical efficiency of knee orthoses : a combined experimental-numerical approach. *In review*, 2013a.

B. PIERRAT, J. MOLIMARD, L. NAVARRO, S. AVRIL et P. CALMELS : Evaluation of the mechanical efficiency of knee braces based on computational modeling. *In press*, sept. 2013b.

K. M. QUAPP et J. A. WEISS : Material characterization of human medial collateral ligament. *Journal of Biomechanical Engineering*, 120(6):757–763, déc. 1998.

D. K. RAMSEY, P. F. WRETENBERG, M. LAMONTAGNE et G. NÉMETH : Electromyographic and biomechanic analysis of anterior cruciate ligament deficiency and functional knee bracing. *Clinical Biomechanics*, 18(1):28–34, jan. 2003.

P. RIBINIK, M. GENTY et P. CALMELS : Évaluation des orthèses de genou et de cheville en pathologie de l'appareil locomoteur. Avis d'experts. *Journal de Traumatologie du Sport*, 27(3):121–127, sept. 2010.

H. ROBERT, S. NOUVEAU, S. GAGEOT et B. GAGNIÈRE : Nouveau système de mesure des laxités sagittales du genou, le GNRB®. application aux ruptures complètes et incomplètes du ligament croisé antérieur. *Revue de Chirurgie Orthopédique et Traumatologique*, 95(3):207–213, mai 2009.

P. THOUMIE, P. SAUTREUIL et E. MEVELLEC : Orthèses de genou. première partie : Évaluation des propriétés physiologiques à partir d'une revue de la littérature. knee orthosis. first part : evaluation of physiological justifications from a literature review. *Annales de Réadaptation et de Médecine Physique*, 44(9):567–580, 2001.

P. THOUMIE, P. SAUTREUIL et E. MEVELLEC : Orthèses de genou. Évaluation de l'efficacité clinique à partir d'une revue de la littérature. *Annales de Réadaptation et de Médecine Physique*, 45(1):1–11, jan. 2002.

D. THÉORET et M. LAMONTAGNE : Study on three-dimensional kinematics and electromyography of ACL deficient knee participants wearing a functional knee brace during running. *Knee Surgery, Sports Traumatology, Arthroscopy*, 14(6):555–563, avr. 2006.

E. M. WOJTYS, J. A. ASHTON-MILLER et L. J. HUSTON : A gender-related difference in the contribution of the knee musculature to sagittal-plane shear stiffness in subjects with similar knee laxity. *The Journal of bone and joint surgery. American volume*, 84-A(1):10–16, jan. 2002.

E. M. WOJTYS, S. U. KOTHARI et L. J. HUSTON : Anterior cruciate ligament functional brace use in sports. *The American Journal of Sports Medicine*, 24(4):539–546, juil. 1996.

CHAPITRE V

Mesures de champ à l'interface entre l'orthèse et la peau

Sommaire

Résumé 134
Introduction 136
V.1   **Material and methods** 137
        V.1.a   Subjects 137
        V.1.b   Knee brace 137
        V.1.c   Experimental protocol 139
        V.1.d   Full-field measurement technique 140
V.2   **Results** 142
        V.2.a   Typical case. 143
        V.2.b   All the subjects 144
        V.2.c   Case study 148
V.3   **Discussion** 149
        V.3.a   Methodology and analysis of the results 149
        V.3.b   Mechanical analysis 150
        V.3.c   Clinical and manufacturing outcomes 151
Conclusion. 152
Bibliographie. 154

Résumé

Dans l'état de l'art, nous avons vu que l'effet thérapeutique final des orthèses du genou ne pouvait se réduire à son effet mécanique stabilisateur. En effet, il a été rapporté à de nombreuses reprises que l'observance du traitement était faible, notamment à cause des problèmes d'inconfort. Cela a surtout été démontré pour les orthèses fonctionnelles et de rééducation américaines, ainsi que pour les orthèses visant à soulager les patients souffrant de gonarthrose. Cependant, les cliniciens et industriels européens semblent également faire état du même problème pour le petit appareillage manufacturé, du type orthèse à base textile.

Les phénomènes d'inconfort étant fortement liés au glissement et à la migration de ces dispositifs, nous nous sommes penchés sur la caractérisation des mécanismes à l'origine de ces effets. Il se trouve que van Leerdam (2006) s'est déjà intéressé au sujet, et propose comme mécanisme principal la forte déformation antérieure de la peau lors de la flexion, comme montré sur la figure V.1. Si le textile composant l'orthèse ne se déforme pas autant que la peau, l'orthèse va glisser. Il y a alors deux cas de figure : ou ce glissement est élastique (ou réversible), c'est-à-dire que l'orthèse revient à sa position initiale lors de l'extension, ou bien ce glissement est irréversible, et la répétition de mouvement engendre la migration du dispositif.

Il a donc été décidé de recourir à une technique de mesure de champ afin de quantifier les déplacements à l'interface entre la peau de 11 volontaires et une orthèse à base textile et embrases articulées (figure V.2). Les objectifs sont doubles : d'une part, la mesure de l'amplitude du glissement lors d'un mouvement de flexion, et d'autre part la mesure de la déformation de la peau dans cette zone. La zone mesurée et le dispositif expérimental sont montrés sur la figureV.3. Le sujet est installé sur un dynamomètre Contrex® afin d'assurer la reproductibilité de la flexion.

Les déplacements en 3 dimensions sont calculés d'après des mesures de forme obtenues par une technique de projection de franges, et une corrélation d'images entre l'état initial et déformé permettant d'avoir les déplacements dans le plan. La déformation est alors calculée dans le repère local montré sur la figure V.4 par dérivation des champs de déplacement.

Le protocole de test comprenait donc une mesure à l'état initial (0° de flexion), un état intermédiaire (45° de flexion) et un état final (90° de flexion). Ces mesures étaient suivies par 10 cycles de flexion extension, et une deuxième série de mesures était alors effectuée afin d'étudier l'effet de la répétition du mouvement.

La technique de mesure de champ s'est avérée adaptée à ce type d'essai, malgré les larges déplacements mesurés (de l'ordre de 1 à 2 cm entre deux états). Les résultats montrent une légère discontinuité dans les champs de déplacements (figure V.6), mettant en évidence un léger glissement (figure V.7). Le glissement moyen mesuré est de 1.42 mm. Les calculs de déformation ont montré que la peau se déformait longitudinalement en moyenne de 10.9% et le textile de l'orthèse de 5.35%. Enfin, la répétition des mouvements n'a eu que peu d'effet sur les différentes quantités mesurées. Les résultats ont également montré une forte différence entre hommes et femmes en termes de déformation de la peau. En effet, les premiers voyaient leur peau se déformer de $(2.90 \pm 0.60)\,\%$ tandis que la peau des secondes se déformait significativement plus : $(15.00 \pm 1.34)\,\%$. Cela a eu un effet sur le glissement, qui est également significativement plus important chez les femmes.

La comparaison entre l'état jambe tendue avant et après les cycles de flexion a permis de démontrer que le glissement était essentiellement élastique. Afin d'en apprendre un peu plus, un sujet s'est prêté à un nombre de cycles plus important, comportant des mesures intermédiaires après 1 – 5 – 10 – 15 – 20 mouvements. Une comparaison des déformations de la peau avec/sans orthèse a également été effectuée. Même s'il semble difficile de conclure d'après des mesures non répétées, il apparaît que :

- L'orthèse tire sur la peau lors de la flexion : sans elle, les déformations longitudinales de la peau sont de l'ordre de 6%, et elles montent jusqu'à 10–12% à cause du dispositif (figure V.8).

- Le glissement irréversible est très faible (environ 0.1 mm après 20 cycles). Cependant il est difficile de dire si cette valeur se stabiliserait, ou si elle continuerait à augmenter avec la répétition de mouvements supplémentaires (figure V.9).

Finalement, une analyse mécanique du phénomène de glissement montre que le textile utilisé dans la conception de l'orthèse testée n'est pas adapté à une bonne adhésion avec la peau lors de la flexion. En effet, le comportement mécanique de ces deux matériaux diffère fortement, comme on peut le voir sur la figure V.10. Cela est certainement à l'origine de problèmes de confort et de migration de l'orthèse. Ainsi, on peut imaginer concevoir des dispositifs à base textile plus confortables en jouant sur les deux tableaux suivants : d'une part en choisissant intelligemment les textiles utilisés dans la conception afin que leurs propriétés mécaniques soient similaires à celles de la peau dans la direction longitudinale ; d'autre part en personnalisant les dispositifs, non pas uniquement en proposant différentes tailles, mais également en proposant plusieurs catégories de rigidité du textile, basées sur les différences observées entre chaque sexe par exemple.

Characterisation of knee brace migration and associated skin strain during flexion by full-field measurements.

Baptiste Pierrat, Carine Millot, Jérôme Molimard, Laurent Navarro, Paul Calmels, Pascal Édouard, Stéphane Avril

Abstract

Knee braces are widely used as orthotic devices to support and align the joint. Despite significant prescription, compliance to the treatment is often negatively affected by comfort issues, the major problem being brace slippage and migration even during everyday life activity. A full-field measurement technique associated to digital image correlation was used on 11 subjects to determine if the brace was able to follow skin deformation during knee flexion, which was suspected to be a primary slippage mechanism. Although some slippage was effectively measured, it proved to be mostly reversible when stretching the leg back. However, measured strain fields allowed to unveil a strong influence of gender on skin deformations, and showed that high skin strain and slippage may be due to the inability of the brace fabric to match the strongly non-linear mechanical behaviour of the skin. Consequently, compliance to these fabric-based knee braces may be improved by differentiating their design between genders and judiciously selecting fabrics based on their mechanical properties.

Introduction

Knee orthoses, or knee braces are orthotic devices aimed at supporting, aligning, or immobilising the knee joint (Chew *et al.*, 2007). They are usually included in the varied methods of treatment and prevention of knee pathologies such as torn ligaments, laxities, arthrosis or general pain. More than 5 million knee braces and supports were sold in the US in 2011 and this market is expected to exceed $1.2 billion by 2018 (iData Research, 2012). Despite the fact that they are commonly prescribed by physicians and medical practitioners, their evaluation relies on few biomechanical studies or therapeutic trials (Thoumie *et al.*, 2001, 2002). Their claimed effects are mainly proprioceptive input and joint stabilisation, but their action mechanisms are not fully understood. Orthotic clinicians have reported that the compliance to the orthopaedic treatment is often problematic due to comfort issues, the main cause being brace migration due to slippage (van Leerdam, 2006; Brownstein, 1998). Although the majority of brace manufacturers states that migration is prevented by design features such as silicon pads and a proper fit of the brace by the patient, clinical experience shows that it remains a major issue. This phenomenon is a burden for the patient and also causes a misalignment of the hinge system of the brace, altering lower limb kinematics and potentially leading to abnormal ligament lengths and tensions and other internal mechanical changes (Singer et Lamontagne, 2008; Regalbuto et al., 1989).

van Leerdam (2006) discussed some of the theories behind brace slippage. He proposed 4 different causes: gravity combined with lack of friction control, tapered shaped legs, mismatch of anatomical and orthotic centre of rotation and dynamic forces. Sweating might also play a role by lubricating the interface. He also reported that the main cause could be the inability of the brace to stretch as much as the skin at the anterior side during a knee flexion. This phenomenon is described in Figure V.1.

There is a difference between elastic or reversible slippage and irreversible slippage. Some elastic slippage may happen during a flexion and be reverted when the leg is stretched back. Despite the fact that this phenomenon is not responsible for brace migration, it makes the brace rub on the skin during each flexion-extension and may cause comfort issues. Irreversible slippage may also happen during the flexion, but the brace does not get back to its initial position when the leg is stretched back. The repetition of this phenomenon after multiple flexion-extension cycles causes brace migration.

The effect of bracing on skin deformation has never been studied and these mechanical phenomena are poorly understood, especially for off-the-shelf fabric hinged braces. This study aims at characterising the ability of such a brace to follow skin deformation during knee flexion in order to understand the mechanisms behind slippage. A full-field measurement technique was used to quantify the migration amplitudes at the anterior brace/limb interface and the strain fields in this area for a number of subjects.

V.1 Material and methods

V.1.a Subjects

A sample of 11 subjects (5 males and 6 females) was selected for this study. They were all in their 20s and more of an athletic type. Their thigh circumference was measured 15 cm above the knee. Their skinfold was also measured at the anterior side of the thigh, 15 cm above the knee, using a skinfold calliper in order to estimate subcutaneous fat. Two measures were taken, one at 0° flexion and one at 90° flexion.

V.1.b Knee brace

As there is a huge variety of knee orthoses on the market, the focus was placed on manufactured knee braces, in opposition to individualized, custom-made orthotic devices. A simple generic brace reproducing the most widespread design was used. This design is described in Figure V.2.

V.1 Material and methods

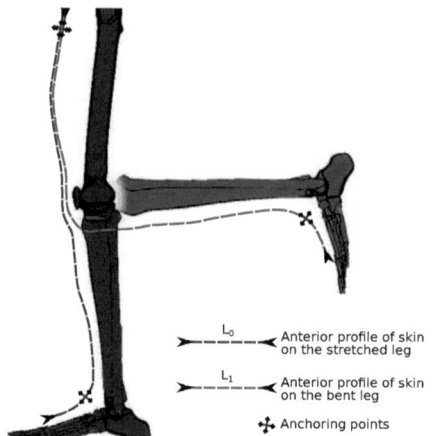

Figure V.1 – Knee flexion requires skin stretching. Under the assumption that skin is able to migrate over underlying tissues (Guimberteau et al., 2005) and that anchoring points exist at the hip and ankle, the length change along the proximal/distal axis is $\Delta L = L_1 - L_0$. If the brace does not deform as much as the skin, it slips.

ID	Sex	Age	Size (m)	Weight (kg)	Thigh circ. (cm)	Skinfold, stretched (mm)	Skinfold, bent (mm)
1	F	22	1.62	52	44.5	21	21
2	F	20	1.67	57	45	19	19
3	M	25	1.82	80	48	8	9
4	F	22	1.68	53	40	24	25
5	F	22	1.63	55	48	25	23
6	M	27	1.83	73	48	6	7
7	F	26	1.75	72	51	28	29
8	M	22	1.91	80	43	6	5
9	F	26	1.59	56	47	16	14
10	M	22	1.79	74	47	15	15
11	M	22	1.81	76	49.5	6	7

Table V.1 – Subject characteristics.

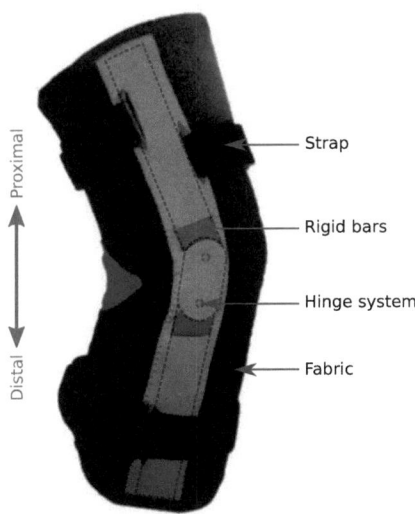

Figure V.2 – Generic knee brace with product characteristics.

It features a fabric body, bilateral hinged bars and tightening straps. This brace was available in one size fitting a median French male limb (*i.e.* circumference at the knee: 38 cm). Consequently, the brace was not properly sized for all subjects and the effect of this misfitting will be investigated.

V.1.c Experimental protocol

The set-up is depicted in Figure V.3. Subjects were told to fit the brace themselves on their right knee, walk and make adjustments in tightening until they were comfortable. It was checked that the axis of rotation of the hinged mechanism was aligned with the axis of rotation of the joint. They were seated on a Contrex® dynamometer in order to impose a reproducible motion and the leg remained in a passive state. A set of three full-field measurements were taken at three different angular positions:

Position 1: extension (0°).

Position 2: intermediate (45°).

Position 3: complete flexion (90°).

These tests were followed by 10 complete flexion-extension cycles imposed by the dynamometer at a low speed (5 °/s), and a second set of measurements was performed at the same angles.

V.1 Material and methods

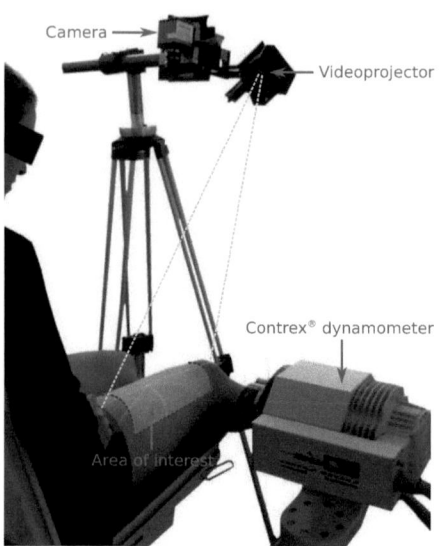

Figure V.3 – Experimental set-up (without the brace).

From now on, these respective sets of measurements will be referred as "before cycling" and "after cycling".

It is noteworthy that the motion between extension and intermediate position corresponds to usual walking amplitudes, whereas the motion between extension and complete flexion corresponds to usual running amplitudes (Ounpuu, 1994).

V.1.d Full-field measurement technique

In order to measure 3D displacement fields, a digital image correlation (DIC) technique was used to compute the in-plane displacements between two states, and a fringe projection technique was used to compute the shape of the region of interest (ROI) before and after the motion. This method has been fully described by Molimard *et al.* (2010) and only a summary is given below. All calculations were performed with Matlab®.

For each subject, 4 displacement fields were measured: between 0 and 45° flexion and between 45 and 90° flexion, before cycling and after cycling. The ROI was a 100×85 mm² region at the interface between the brace and the skin, at the anterior side of the thigh.

Frames of reference

A global and local coordinate system were used, both orthonormals and defined relative to the undeformed configuration. The global coordinate system $(\mathbf{E}_1, \mathbf{E}_2, \mathbf{E}_3)$ was defined such as

$\mathbf{E}_1$ was in the distal direction, $\mathbf{E}_2$ in the lateral direction and $\mathbf{E}_3$ in the posterior direction, relative to the undeformed configuration. The local coordinate system $(\mathbf{B}_1, \mathbf{B}_2, \mathbf{B}_3)$ was defined such as: $\mathbf{B}_3$ was normal to the surface at each point; $\mathbf{B}_1$ was the orthogonal projections of $\mathbf{E}_1$ on the tangent plane to the surface; $\mathbf{B}_2$ was set to complete the orthonormal basis. A representation of these frames of reference is given in Figure V.4. By analogy to a cylinder, the local directions $(\mathbf{B}_1, \mathbf{B}_2, \mathbf{B}_3)$ were called axial, circumferential and normal directions.

Digital image correlation

A speckle was applied on the ROI using paint and a toothbrush. Two images (1280×960 pixels, 0.084 mm/pixel) were captured by the camera before and after the motion. Assuming a reference image im_0 and a deformed image im_1 with intensity maps $f(r, s)$ and $g(r, s)$ (r and s being the pixel coordinates), the relationship between f and g is:

$$g(r, s) = f(r + \delta x, s + \delta y) + b(r, s) \quad (V.1)$$

where b is the noise.

$(\delta x, \delta y)$ was computed by maximizing the correlation product $(f \star g)$. The displacement field was computed at a local scale in the frequency domain by two-dimensional discrete Fourier transform on 16×16 windows, and sub-pixel displacement was computed by an algorithm described by Molimard *et al.* (2010). A 256×192 displacement field was obtained.

Fringe projection

A periodic pattern of white and black lines was projected on the ROI with an angle θ between the videoprojector and a recording camera (Figure V.3). The deformation of the fringes, recorded as a phase shift $\varphi(x, y)$, depends on the out-of-plane elevation of the illuminated object $z(x, y)$:

$$\varphi(x, y) = \frac{2\pi \, tan(\theta(x, y))}{p(x, y)} z(x, y) \quad (V.2)$$

where the pitch $p(x, y)$ is the distance between two light peaks on a flat surface. A calibration procedure is required to get various geometrical parameters. Finally, a relationship giving (x, y, z) as a function of (r, s) is obtained: the position of any point of the ROI in the global coordinate system is known. Coupling the in-plane displacements with the initial and deformed shapes allows to compute the displacement $\mathbf{u}$ by ray tracing.

Strain derivation

The pixel position (r, s) makes a convenient curvilinear coordinate system. Knowing the shapes before and after deformation and the displacement field $\mathbf{u}(r, s)$, the deformation gradient tensor $\mathbf{F}$ was computed relative to the global coordinate system:

$$\mathbf{F} = \mathbf{m}_i \otimes \mathbf{M}^j \quad (V.3)$$

where $(\mathbf{m}_1, \mathbf{m}_2, \mathbf{m}_3)$ is the covariant basis in the deformed configuration and $(\mathbf{M}^1, \mathbf{M}^2, \mathbf{M}^3)$ the contravariant basis in the undeformed configuration. The deformed local basis $(\mathbf{b}_1, \mathbf{b}_2, \mathbf{b}_3)$ was computed from the initial basis $(\mathbf{B}_1, \mathbf{B}_2, \mathbf{B}_3)$ as:

$$\mathbf{b}_i = \mathbf{F}\,\mathbf{B}_i \tag{V.4}$$

The metric tensor $\mathbf{g}$ follows:

$$g_{ij} = \mathbf{b}_i \cdot \mathbf{b}_j \tag{V.5}$$

Finally, the in-plane Green-Lagrange strain tensor in the local coordinate system is:

$$\mathbf{E} = \frac{1}{2}\,(\mathbf{g} - \mathbf{I}) \tag{V.6}$$

Filtering

As the fringe projection measurements were slightly altered by hair and loose textile fibres, impulse noise was present in the shape results. A 16×16 2D median filter followed by a 8×8 2D Gaussian average filter was applied to these fields.

Slippage quantification

Brace slippage results in a displacement discontinuity in the distal direction. Consequently, the slippage magnitude was defined at a point (x_1, y_1, z_1) as:

$$\mathbf{u}_1(x_1 - a, y_1, z_1) - \mathbf{u}_1(x_1 + a, y_1, z_1) \tag{V.7}$$

This means that slippage is the difference between adjacent elements of $\mathbf{u}_1$ in the distal direction with a distance of a. A value of 1.5 mm was chosen for a based on an adjustment between resolution and noise sensitivity. The lower threshold was taken at 0.2 mm, value below which it was considered that no slippage occurred.

Both elastic and irreversible slippage are responsible for the amount of slippage measured as described. In order to separate them, a quantification of the irreversible slippage only was performed by comparing the states of the ROI at 0° flexion before and after cycling and calculating the displacement fields between these two states. An eventual irreversible slippage was then measured using Equation V.7.

V.2 Results

Shapes and displacements were successfully measured using the described method. Despite the large motion of the ROI (typically 1–2 cm), the DIC gave good results. A typical case is described, then tendencies of all the results are given.

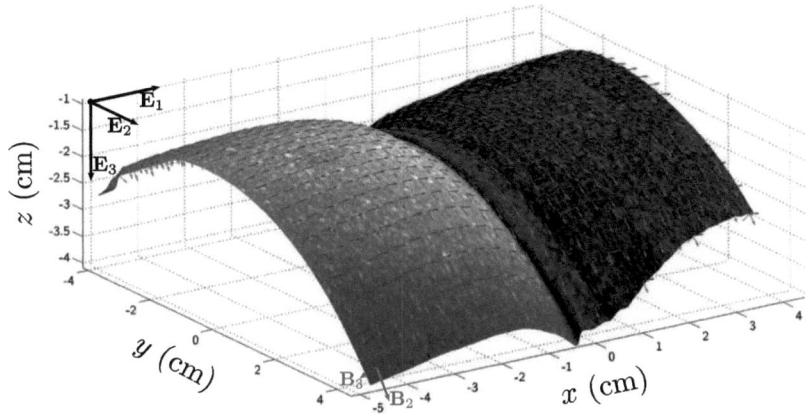

Figure V.4 – Representation of the shape of the ROI in the initial configuration (stretched leg). The global coordinate system $(\mathbf{E}_1, \mathbf{E}_2, \mathbf{E}_3)$ is represented as well as the local coordinate system $(\mathbf{B}_1, \mathbf{B}_2, \mathbf{B}_3)$ at each point.

V.2.a Typical case

The shape as measured by fringe projection in the initial state is depicted in Figure V.4. Filtering was effective at removing impulse noise while preserving the shape discontinuity at the interface. At the extremity of the brace, near the interface, it can be noticed that the brace featured an elastic band that had the effect of compressing the thigh.

Cross-sections at $y = 0$ were plotted for the three positions ($0°$ – $45°$ – $90°$ flexion) and were reported in Figure V.5. Here it can be noticed that the skin is bended near the interface due to the compression of soft tissues below the elastic band in position 1. After the first motion, the interface migrated of about 1.5 cm to the right towards the knee. This had the effect of stretching the skin and underlying soft tissue, and the soft tissues retracted in the z direction. This also caused the skin near the interface to unbend. Between position 2 and 3, the interface continued to migrate of 0.8 cm towards the knee but soft tissues did not retract as much in the z direction.

Displacement and strain maps showed the highest magnitudes between position 1 and 2, as expected from Figure V.5. They are reported in Figure V.6. The skin and brace migrated between 1 and 1.6 cm in the distal direction ($\mathbf{u}_1$). The magnitude was slightly higher in the central area, at the most anterior part of the thigh. The displacement $\mathbf{u}_2$ in the lateral direction was smaller, showing that the migration is almost unidirectional. However this migration was also accompanied by a flattening of the thigh, as shown by the posterior displacement $\mathbf{u}_3$: the most anterior part moved posteriorly while the sides of the thigh moved slightly anteriorly.

V.2 Results

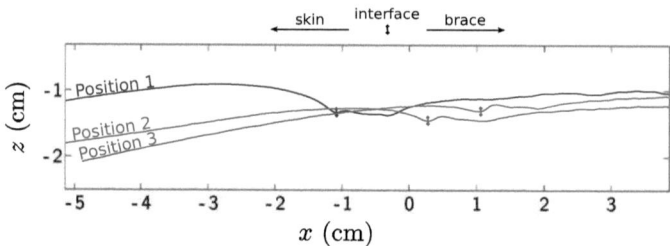

Figure V.5 – Cross-sections at $y=0$ showing the shape profile for the three positions (0° – 45° – 90° flexion). The skin is on the left side, the brace on the right side and the interface is represented by a marker.

Regions of interest were defined on the skin and the brace; the average displacement of these areas characterized the migration of each part.

In order to compute strain maps, the shape and displacements have to be derived numerically. This was problematic around discontinuities or at places with small measurement inaccuracy, as these inaccuracies are amplified. Problematic areas were the edges of the ROI, the brace/skin interface and the elastic band area on the brace. Outside these areas, in regions of interest represented in Figure V.6, strain fields were rather homogeneous and an average strain was computed in both windows. By looking at the strain fields (especially E_{11}), it is possible to distinguish the different areas of the ROI: skin (high deformation), elastic band (no deformation) and brace fabric (low deformation). In this case, the average strain in the axial direction was 7.51% in the skin and 3.28% in the brace. Respective values in the circumferential direction were -4.49% and -3.39%, and 1.85% and 0.38% in the shear direction.

Looking at displacement $\mathbf{u}_1$, a discontinuity can be observed at the interface. This translates as brace slippage between position 1 and 2. The slippage magnitude (both elastic and irreversible, as defined in Section V.1.d) of this case has been represented in Figure V.7. During the first half of the motion, slippage occurred at the whole interface, with magnitudes up to 1.2 mm, whereas the second half of the motion did only involve some localized slippage of magnitude 0.3 mm. It can be noticed that the magnitude is maximal in the centre area and minimal on the sides, meaning that the brace was pulled more strongly at the anterior part of the limb and remained in place on the medial and lateral sides, where the hinged bars are located.

V.2.b All the subjects

The data processing presented in Section V.2.a was performed for the 11 subjects, between positions 1–2 and 2–3, and before/after cycling. Meaningful results before cycling were reported in Table V.2.

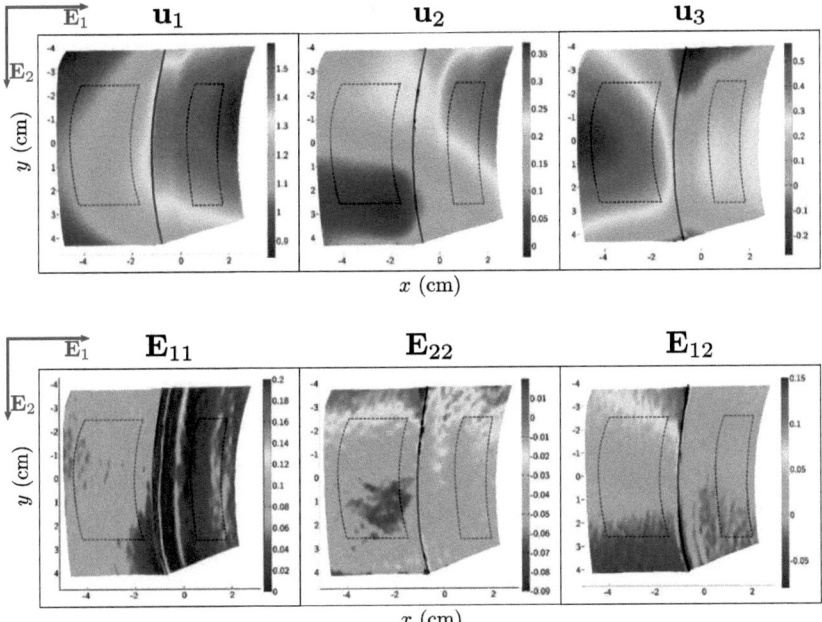

Figure V.6 – Displacement **u** in the global frame of reference (unit: cm) and in-plane Green-Lagrange strain **E** in the local frame of reference, between positions 1 and 2 (0° – 45° flexion). The skin/brace interface is represented by a solid line and the regions of interest of the skin and brace by dashed lines. Note that the high strain band in E_{11} is an artefact due to slippage.

V.2 Results

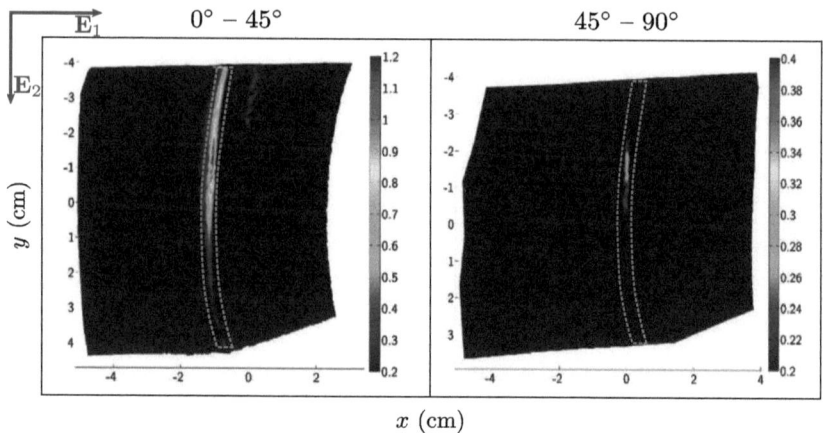

Figure V.7 – Slippage magnitude (in mm) of the brace relative to the skin as defined in Section V.1.d for the two steps of the motion. Interface areas are represented by dashed lines.

The first motion was responsible for most displacement, strain and slippage. However, a difference in mechanical behaviour may be noticed between the skin and brace. The skin largely deformed during the first flexion (8.59%) and much less during the second (2.25%), while the brace deformation was roughly the same (2.84% – 2.52%). This was assumed to be caused by the highly nonlinear behaviour of skin (Evans et Holt, 2009), whereas mechanical characterisation of brace fabric showed a linear behaviour up to about 30% strain (Pierrat et al., 2013). Mean values of total circumferential and shear strain in the skin were (-5.25 ± 2.08) % and (2.22 ± 2.19) % respectively.

The dispersion of skin and brace migration was small, indicating that these quantities depend on the motion and were not really specific to a subject. On the other side, the dispersion of strain was much larger. An analysis of variance showed that there was a significant difference ($p < 0.001$) in total skin strain between males and females: average values were (5.90 ± 0.60) % and (15.00 ± 1.34) % respectively. This difference is not due to morphological differences as thigh circumferences were not significantly different between gender. This difference was also observed ($p < 0.001$) for the total slippage: average values were (0.89 ± 0.32) % (males) and (1.87 ± 0.30) % (females). No significant correlation was found between morphological/physiological quantities (weight, skinfold, thigh circumference) and variables described in Table V.2. It is particularly interesting to note the absence of correlation between thigh circumference and slippage magnitude, showing that morphology was not the primary factor inducing slippage here.

In order to determine the cycling effect, data was processed the same way after cycling. This cycling effect was defined as the ratio between a quantity before cycling to the quantity after

	Subject	1	2	3	4	5	6	7	8	9	10	11	Av. ± st. dev.
0° – 45°	Skin migration (mm)	15.1	11.4	18.0	11.0	13.6	16.1	16.6	15.6	15.4	21.6	14.2	15.3 ± 3.22
	Brace migration (mm)	19.7	14.8	20.3	14.8	17.7	18.1	20.0	17.5	19.9	23.5	17.4	18.5 ± 2.71
	E_{11} of skin (%)	12.9	7.51	7.04	10.6	11.5	4.29	12.5	5.48	12.7	4.80	5.23	8.59 ± 3.34
	E_{11} of brace (%)	2.65	3.28	0.95	1.58	1.86	5.11	3.15	3.54	3.11	1.52	4.44	2.84 ± 1.28
	Max. slippage (mm)	1.32	1.59	0.73	1.26	1.76	0.46	1.27	0.60	1.81	0.79	1.02	1.15 ± 0.47
45° – 90°	Skin migration (mm)	5.81	5.83	7.44	7.69	6.54	6.35	5.58	7.14	5.93	6.29	7.66	6.57 ± 0.75
	Brace migration (mm)	7.18	8.02	7.45	9.27	8.47	7.05	7.11	7.82	7.04	7.47	8.52	7.76 ± 0.74
	E_{11} of skin (%)	3.00	5.14	-0.42	4.09	4.38	0.70	3.73	0.31	1.77	1.39	0.68	2.25 ± 1.81
	E_{11} of brace (%)	2.32	2.82	1.72	1.49	2.18	2.92	2.54	2.73	1.23	3.03	4.72	2.52 ± 1.25
	Max. slippage (mm)	0.24	0.48	0.02*	0.55	0.42	0.10*	0.19*	0.17*	0.29	0.21	0.37	0.28 ± 0.67
Total (0° – 90°)	Skin migration (mm)	20.9	17.2	25.4	18.7	20.2	22.4	22.2	22.7	21.4	27.9	21.8	21.9 ± 3.23
	Brace migration (mm)	26.9	22.9	27.7	24.0	26.2	25.1	27.1	25.3	26.9	30.9	25.9	26.3 ± 2.24
	E_{11} of skin (%)	15.9	12.7	6.63	14.6	15.9	4.99	16.2	5.8	14.5	6.19	5.92	10.8 ± 4.62
	E_{11} of brace (%)	4.97	6.09	2.67	3.07	4.04	8.03	5.69	6.28	4.34	4.55	9.16	5.35 ± 1.98
	Max. slippage (mm)	1.57	2.07	0.75	1.82	2.18	0.56	1.46	0.76	2.11	0.99	1.39	1.42 ± 0.99

* Non-significant slippage values (below 0.2 mm).

Table V.2 – Results for all the subjects, before cycling: migrations and axial strain of skin and brace in the respective regions of interest and maximal slippage at the interface.

	0° – 45°	45° – 90°	Total (0° – 90°)
Skin migration	1.05 ± 0.16	0.93 ± 0.12	1.01 ± 0.11
Brace migration	1.09 ± 0.14	0.91 ± 0.13	1.03 ± 0.09
E_{11} of skin	1.32 ± 0.24	0.60 ± 0.79	1.19 ± 0.17
E_{11} of brace	1.01 ± 0.35	0.82 ± 0.32	0.91 ± 0.18
Av. slippage	1.23 ± 0.16	1.02 ± 0.85	1.14 ± 0.14

Table V.3 – Cycling effect – defined as the ratio between a quantity before cycling to the quantity after cycling – on average values of different measured quantities.

cycling. The obtained values are reported in Table V.3. Cycling had no significant effect on skin and brace migration. However, it slightly increased total strain, especially in the skin, as well as the average slippage magnitude. The viscoelastic nature of the skin certainly played a role here: skin tends to get softer after stretching cycles. Another interesting phenomenon is the difference observed for the two flexion steps. Cycling caused a massive increase in strain in the first part of the flexion, and a decrease of this variable in the second part.

Finally, the irreversible slippage caused by the 10 cycles was determined for all patients, as described in Section V.1.d. An average value of (0.21 ± 0.14) mm was found. This amount is very low and indicates that most slippage is elastic.

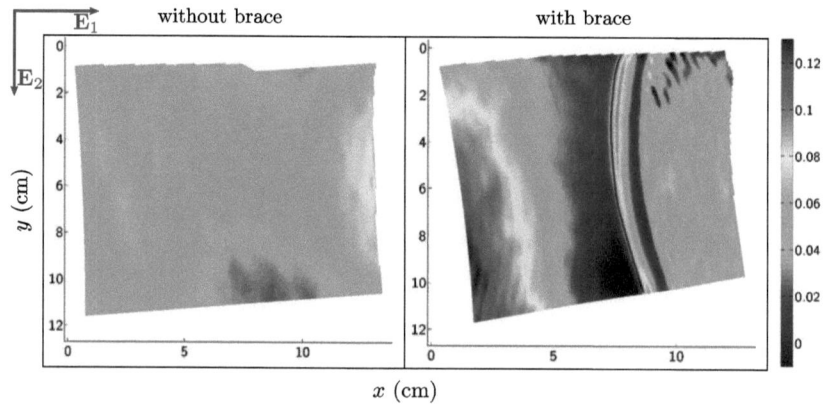

Figure V.8 – Longitudinal strain ($\mathbf{E}_{11}$) in the ROI without/with the brace.

V.2.c Case study

As the previous results were very interesting but somewhat limited to elastic slippage, further experiments were performed on a single female subject. The following results should therefore be taken with caution as they may not be representative of the whole population.

As the brace was suspected to have an effect on skin strain, skin strain was measured without the brace and compared to results obtained with the brace on. These fields are depicted in Figure V.8. It is clear that bracing highly increased longitudinal strain in the skin: values increased from 6% up to 10–12% in the left part. This phenomenon is likely due to the brace pulling on the skin during the flexion and might be caused by the inability of the brace to stretch enough to fit normal skin deformation in the joint area (as described in Figure V.1), leading to a pulling of proximal skin to compensate. This pulling was confirmed by measures of distal displacements, which was much higher with the brace than without (2.5 cm and 1.2 cm in the centre of the ROI respectively).

On the same subject, 20 complete flexion-extension cycles were performed and measurements were taken at 0° flexion and 90° flexion during cycles number 1 – 5 – 10 – 15 – 20. It was then possible to determine:

- Elastic slippage between 0° and 90°, as done previously, and for each step.
- Strains between 0° and 90°, as done previously, and for each step.
- Inelastic slippage relative to the first position after N cycles by computing displacements between the following states:

    — Reference state: initial position, at 0° flexion before the first motion.

    — Nth deformed state: same position (0° flexion) but after having performed Nth cycles.

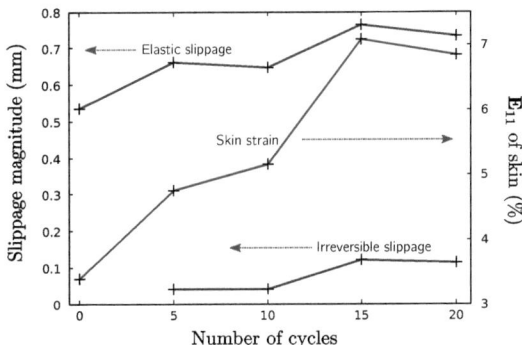

Figure V.9 – Elastic slippage between 0° and 90° (left scale), irreversible slippage relative to the initial state after N cycles (left scale) and evolution of the longitudinal skin strain between 0° and 90° as a function of the number of cycles (right scale).

Results are presented in Figure V.9. Elastic slippage between the straight and bent leg slightly increased from 0.54 to 0.73 mm after 20 cycles. Skin strain in the axial direction showed a high increase: during the first flexion motion, skin deformed by 3.5%, and this magnitude increased by a factor 2 after 15 and 20 cycles, highlighting the high visco-elasticity of skin. Finally, negligible amounts of irreversible slippage were found in this case, slightly below the no-slippage threshold.

V.3 Discussion

V.3.a Methodology and analysis of the results

The confidence in the results may be estimated from previous work (Molimard et Navarro, 2013): resolution was estimated at 5 µm in x and y, and 50 µm in z. Strain maps were the most problematic because they are sensitive to small perturbations in displacement fields and shape. That is why results were analysed away from the borders of the ROI and from discontinuities at the interface, and that average values were extracted. Nevertheless, the resolution of the full-field measurement system was high enough to measure small magnitudes of slippage, and strain resolution was estimated to be 4×10^{-4}.

The knee brace used for this study did not have a patella opening. This feature is present on a lot of products, and might help anchor the brace to the joint and prevent slippage.

Cycling was limited to 10 cycles for the general study, which is a small amount compared to the number of flexion performed during a day. However, this study focused only on the slippage mechanism consisting in the inability of the brace to stretch as much as the skin at the anterior side. In this sense, the case study on one subject showed only elastic slippage, and no significant irreversible migration. Consequently, the slippage phenomenon described in Figure V.1 (inability of the brace to stretch as much as the skin) was not conclusively reproduced in this case. However, results of the case study tend to show that elastic slippage increases with the number of cycles, meaning that more cycles might lead to irreversible migration, for example due to increased skin lubrication (sweating). The number of cycles required to achieve this phenomenon might not have been reached.

As the subjects were seated, the posterior part of the fabric was slightly compressed between the thigh and the seat. This was not problematic as the studied slippage mechanism is responsible for slippage at the anterior part of the leg. Nevertheless, soft tissues were also not exactly shaped the same way they are in a standing position, but this was assumed to have a negligible effect on results.

van Leerdam (2006) measured skin migration on one subject for an approximate angle of 90° with marks drawn on the skin, and obtained roughly 4 cm. As their area of interest was closer to the knee, their result is consistent with the presented values. Brownstein (1998) measured brace migration of 14 knee braces after 15 mn of exercise and found magnitudes from 0.25 to 11 mm, with an average of 4 mm. As other slippage mechanisms were involved and brace models were very different (functional rigid hinged braces from the American market), it is difficult to compare these results to the present study. Bethke (2005) disposed 156 markers at the surface of the leg and measured strain fields during a 90° flexion; longitudinal strains of 30% were found 6 cm above the patella, which is a little higher than values measured in this study (11% in average). However, the area of interest was more proximal in the present study, and it is suspected that strains are high in the patella area and rapidly decrease away from this region (as seen in Figure V.8).

The difference in strain magnitudes between males and females has already been reported in terms of mechanical properties by Diridollou *et al.* (2000), but other studies (Agache *et al.*, 1980; Cua *et al.*, 1990) found no statistical difference between genders. As the measured average strains are so different, it is highly probable that a mechanical or anatomical difference exists between young males and females.

As said previously, the first half of the flexion reproduced walking conditions while the entire motion was more similar to running amplitudes. As the majority of migration, deformation and slippage occurred between 0° – 45°, braces suited for walking amplitudes should still adhere during running (note that dynamic forces, which were not investigated, may become a primary mechanism is this case).

V.3.b Mechanical analysis

Even if no irreversible migration was found, it may be of interest to attempt to describe this phenomenon from a mechanical point of view. The effect of bracing on skin deformation

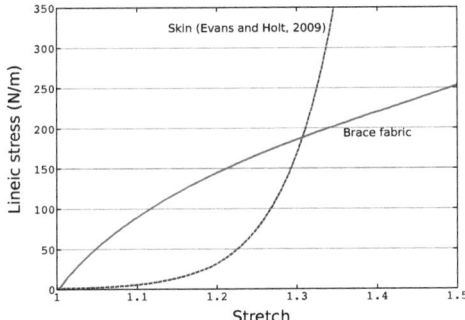

Figure V.10 – Lineic stress vs. stretch for skin and brace fabric (longitudinal direction) under unidirectional tension. Skin behaviour was plotted using the identified parameters from Evans et Holt (2009) with a initial strain of 0.2 and a thickness of 1 mm. Brace fabric was identified as previously described (Pierrat et al., 2013).

showed that if the brace fabric is not able to deform as much as the skin in the longitudinal direction, two mechanisms are in competition: slippage and skin pulling. Even if such results were shown for only one subject, it is likely that this behaviour is reproducible. If the ability of the brace to deform is exceeded by a large longitudinal deformation of the skin, slippage should occur in a stick-and-slip fashion.

Even if it would be preferable to prevent slippage, it would mean that skin deformation underneath the brace should be kept at the same magnitude as the brace deformation, by increasing the attachment of the device to the skin; consequently, it would also mean larger strains for the skin in regions around the brace. Consequently, both mechanisms may cause comfort issues and should be avoided if possible.

The tensile behaviour of skin and brace fabric is depicted in Figure V.10. Although properties of skin vary widely among individuals, the difference in terms of mechanical behaviour is obvious: skin stiffness is very soft at low strains, then its stiffness rises rapidly while the brace fabric curve is concave and more linear. This explains why skin deformed much more than the brace during the first half of the flexion (Table V.2); the fact that brace stiffness is much higher than skin stiffness for strains below 20% is likely to be the main cause for brace slippage or skin pulling in these conditions.

V.3.c Clinical and manufacturing outcomes

Some of the presented results and interpretations may be of interest to clinicians and orthotic manufacturers for the benefit of patients.

V.3 Discussion

It has been shown that a major issue of these fabric-based braces is the difference in terms of mechanical behaviour between fabric in the longitudinal direction and the underlying skin (Figure V.10). On such braces, circumferential stiffness will be responsible for the compressive effect and maintaining the rigid bars; as shown, the fabric does not deform substantially in this direction during flexion. As for the longitudinal direction, large deformations occur during flexion. Consequently, it might be advisable to select warp and weft threads with different mechanical behaviours, in such a way that each direction would be optimized for its corresponding mechanical role. A brace with a longitudinal mechanical behaviour similar to the skin's would be more comfortable: slippage due to skin migration and stretching would be reduced as well as distal skin pulling, because it would be able to deform together with the leg surface.

As the difference in skin mechanical behaviour was very important between genders, it might be valuable to translate this difference in terms of brace design, once again by optimizing the longitudinal mechanical behaviour of the fabric. However, further measurements need to be performed at different places around the joint for multiple subjects in order to match the natural skin deformation during flexion.

Conclusion

Full-field measurements using fringe projection associated with digital image correlation proved to be an excellent technique to characterize displacements, deformations and slippage at the brace/skin interface during knee flexion. Results showed an important migration of the anterior part of the thigh, associated with large strain magnitudes in the skin, twice as much as in the brace. Brace slippage was moderate and turned out to be mostly elastic, *i.e.* almost no irreversible migration was observed after several flexion-extension cycles. It was assumed that the adverse effects of the brace – slippage and skin pulling – were caused by a critical mismatch in mechanical behaviour between fabric and skin.

A compromise between patient-specific designs and manufacturing costs was proposed based on mechanical optimization of the fabric to match skin behaviour, which was shown to be significantly different between genders: anatomical concerns should not be the only factor to consider to design comfortable braces and improve compliance to these devices.

There are many areas for further development using this quick and non-invasive procedure. For instance, a more systematic study of various areas around the joint to characterize local skin deformations may offer a solid basis to be used for optimizing orthotic devices, surgery planning and other applications.

Bibliographie

P. G. AGACHE, C. MONNEUR, J. L. LEVEQUE et J. D. RIGAL : Mechanical properties and young's modulus of human skin in vivo. *Archives of Dermatological Research*, 269(3):221–232, déc. 1980.

K. K. A. BETHKE : *The second skin approach : skin strain field analysis and mechanical counter pressure prototyping for advanced spacesuit design*. Thesis, Massachusetts Institute of Technology, 2005.

B. BROWNSTEIN : Migration and design characteristics of functional knee braces. *Journal of Sport Rehabilitation*, 7(1):33–43, 1998.

K. T. L. CHEW, H. L. LEW, E. DATE et M. FREDERICSON : Current evidence and clinical applications of therapeutic knee braces. *American Journal of Physical Medicine & Rehabilitation*, 86(8):678–686, août 2007.

A. B. CUA, K.-P. WILHELM et H. I. M. M. D : Elastic properties of human skin : relation to age, sex, and anatomical region. *Archives of Dermatological Research*, 282(5):283–288, août 1990.

S. DIRIDOLLOU, D. BLACK, J. LAGARDE, Y. GALL, M. BERSON, V. VABRE, F. PATAT et L. VAILLANT : Sex- and site-dependent variations in the thickness and mechanical properties of human skin in vivo. *International Journal of Cosmetic Science*, 22(6):421–435, 2000.

S. L. EVANS et C. A. HOLT : Measuring the mechanical properties of human skin in vivo using digital image correlation and finite element modelling. *The Journal of Strain Analysis for Engineering Design*, 44(5):337–345, 2009.

J. GUIMBERTEAU, J. SENTUCQ-RIGALL, B. PANCONI, R. BOILEAU, P. MOUTON et J. BAKHACH : Introduction à la connaissance du glissement des structures sous-cutanées humaines. *Annales de Chirurgie Plastique Esthétique*, 50(1):19–34, fév. 2005.

IDATA RESEARCH : U.S. market for orthopedic braces & support devices 2012. Rap. tech., mai 2012.

J. MOLIMARD, G. BOYER et H. ZAHOUANI : Frequency-based image analysis of random patterns : an alternative way to classical stereocorrelation. *Journal of the Korean Society for Nondestructive Testing*, 30(3):181–193, juin 2010.

J. MOLIMARD et L. NAVARRO : Uncertainty on fringe projection technique : a Monte-Carlo-based approach. *Optics and Laser in Engineering*, 51(7):840–847, 2013.

S. OUNPUU : The biomechanics of walking and running. *Clinics in sports medicine*, 13(4):843–863, oct. 1994.

B. PIERRAT, J. MOLIMARD, L. NAVARRO, S. AVRIL et P. CALMELS : Evaluation of the mechanical efficiency of knee braces based on computational modeling. *In press*, sept. 2013.

M. A. REGALBUTO, J. S. ROVICK et P. S. WALKER : The forces in a knee brace as a function of hinge design and placement. *The American journal of sports medicine*, 17(4):535–543, août 1989.

J. C. SINGER et M. LAMONTAGNE : The effect of functional knee brace design and hinge misalignment on lower limb joint mechanics. *Clinical biomechanics*, 23(1):52–59, jan. 2008.

P. THOUMIE, P. SAUTREUIL et E. MEVELLEC : Orthèses de genou. première partie : Évaluation des propriétés physiologiques à partir d'une revue de la littérature. knee orthosis. first part : evaluation of physiological justifications from a literature review. *Annales de Réadaptation et de Médecine Physique*, 44(9):567–580, 2001.

P. THOUMIE, P. SAUTREUIL et E. MEVELLEC : Orthèses de genou. Évaluation de l'efficacité clinique à partir d'une revue de la littérature. *Annales de Réadaptation et de Médecine Physique*, 45(1):1–11, jan. 2002.

N. VAN LEERDAM : The genux, a new knee brace with an innovative non-slip system. Dans : *Academy of American Orthotists and Prosthetists*, Chicago, IL, 2006.

Conclusion et perspectives

Synthèse et conclusion générale

Comme nous l'avons vu dans le premier chapitre consacré à l'état de l'art, le manque d'études sur l'appareillage de série du genou concernant les produits manufacturés européens soulève de nombreuses problématiques auxquelles nous avons tenté d'apporter quelques réponses. La première étape était la détermination d'un cadre de travail précis, en relation avec les problématiques industrielles et scientifiques, et restreint aux compétences des partenaires du projet. Ainsi, nous nous sommes focalisés sur le développement de différents outils d'évaluation des effets mécaniques des orthèses, qui se sont avérés complémentaires et ont permis de lever le voile sur certains mécanismes d'action. Les différents aspects de ces outils et le rôle qu'ils peuvent jouer dans l'évaluation des orthèses du genou sont décrits dans le tableau V.4. D'autre part, le côté appliqué de ce travail a été renforcé par le contact avec les partenaires industriels, demandeurs d'une méthodologie de validation adaptée à leurs besoins et validée par des mesures *in vivo*. Nous allons à présent synthétiser les différents aspects de ce travail et essayer de faire le lien entre les différents résultats obtenus afin de dégager des conclusions globales.

Les différents outils d'évaluation

Le deuxième chapitre fut consacré au développement d'un modèle éléments finis d'un membre inférieur appareillé avec une orthèse à base textile et des embrases articulées, et à l'exploitation de cet outil pour évaluer la capacité mécanique du dispositif à prévenir un mouvement de tiroir en situation passive, tout en liant ces actions à la pression appliquée sur la peau. Il a donc fallu introduire des indices d'efficacité et de confort afin de découvrir quels éléments de conception les influençaient. Cet outil a servi de base d'investigation et de compréhension des effets de l'orthèse sur l'articulation, et nous a aidés à dégager les principaux mécanismes de stabilisation passive, à savoir, d'une part une rigidification par compression et d'autre part un transfert de force aux éléments rigides (embrases) par les sangles. Le modèle de l'orthèse a ensuite été validé avec succès dans le chapitre III pour des mouvements d'amplitude raisonnable.

Cet outil a servi de base pour la validation croisée de la machine de test des orthèses présentée au chapitre III. La possibilité de comparer les actions mesurées par cette machine adaptée à des essais de certification aux actions simulées sur un membre inférieur au comportement mécanique réaliste a permis de mettre en évidence l'importance du support de test dans la mesure des effets passifs. En ce sens, la machine de test semble plus adaptée à des mesures relatives (comparatives) entre différents produits qu'à des mesures absolues visant à simuler le comportement attendu *in vivo*, car son design simple occasionne de larges erreurs de mesure, amenant à surestimer les actions caractérisées, particulièrement pour le mouvement de varus. Des mesures comparatives restent possibles dans une certaine mesure car ces erreurs ont été caractérisées comme systématiques. Cependant, ces biais ont été caractérisés et corrigés pour les orthèses à base textile avec embrases articulées, il faut donc rester prudent sur les résultats obtenus avec d'autres dispositifs. Néanmoins, ce banc d'essai nous a permis de mettre en évidence les différences notables en termes de niveau d'action des différentes catégories d'orthèses du marché, et semble parfaitement pouvoir s'inclure dans une démarche de certification et d'aide à la décision lors d'une prescription.

La validation apportée par l'étude clinique fait apparaître les limites de l'évaluation basée uniquement sur les mesures passives sur les supports de test "génériques", à savoir la machine et le membre inférieur numérique. En effet, nous avons montré que des niveaux d'action légèrement supérieurs pouvaient être caractérisés *in vivo* en utilisant un arthromètre. Ainsi, nous avons pu déterminer que la sélection personnalisée d'une genouillère à base textile adaptée à un patient pouvait apporter des niveaux de rigidification significatifs (de l'ordre de 7 N/mm), ce qui peut rattraper mécaniquement la perte d'un LCA jusqu'à un déplacement d'environ 3 mm de tiroir antérieur.

Ces 3 outils nous ont permis de mettre en évidence la grande disparité dans les niveaux d'action des différents produits, montrant que jusqu'à présent la conception des orthèses du genou reposait sur un cahier des charges sans critère d'efficacité mécanique, à cause du manque d'outil d'évaluation. Nous avons pu constater que la comparaison d'une même orthèse évaluée par ces trois méthodes de caractérisation ne donnait pas les mêmes réponses mécaniques, car chacune possède des particularités, qui les rendent complémentaires mais malheureusement difficilement comparables (voir le tableau V.4).

Niveaux d'action mesurés et améliorations proposées

Notre démarche s'est continuellement attachée à comparer le niveau d'action des orthèses mesuré ou simulé aux niveaux d'action apportés par les structures passives qu'elles sont censées compenser lors d'une pathologie, à savoir les ligaments dans la plupart des cas. Nous avons pu constater que les orthèses pouvaient apporter une stabilisation similaire pour des mouvements pathologiques de faible amplitude, ou pour des forces de sollicitation faibles. Cependant, la supériorité des ligaments réside dans leur comportement mécanique non linéaire, qui leur permet de se rigidifier lors de leur mise en tension. *A contrario*, on a vu que les orthèses avaient un comportement de type "plastique", avec une zone de forte raideur suivie d'un plateau. Une

Outil d'évaluation	Support de test	Utilités et particularités	Limites
Modèle éléments finis (chapitre II).	Jambe numérique "générique" passive, déformable et morphologique.	Permet d'étudier les mécanismes d'action d'orthèses manufacturées simplifiées de type textile avec embrases articulées. Possibilité de déterminer à la fois l'effet de stabilisation passif et les pressions exercées sur la peau. Caractéristiques de l'orthèse, du membre inférieur et de la cinématique personnalisables (pouvant donner lieu à la création de modèles patient-spécifiques).	Non adapté à la modélisation d'orthèses complexes (ex : orthèses rigides, agencement complexe des textiles et des sangles). Validé essentiellement pour des mouvements de faibles amplitudes. Non adapté à la morphologie du patient pour le moment. Rigidification active non prise en compte, et donc effets sous-estimés par rapport aux actions *in vivo*.
Machine de test (chapitre III).	Jambe simplifiée, morphologie cylindrique, comportement non déformable.	Permet de caractériser rapidement les actions mécaniques en flexion/extension – tiroir – varus/valgus de tous types d'orthèses commercialisées et de prototypes. Outil d'aide à l'innovation pour les entreprises. Adapté à la mise en place d'une certification. Résultats pouvant servir d'aide à la décision de prescription pour les médecins.	Outil de comparaison de dispositifs essentiellement. Effets surestimés par rapport à un membre inférieur déformable et morphologique. Cinématique de test limitée (pas de pivot). Rigidification active non prise en compte, et donc effets sous-estimés par rapport aux actions *in vivo*. Les mesures ne permettent pas de faire le lien avec le confort du dispositif testé.
Arthromètre GNRB® (chapitre IV).	Jambe pathologique du patient.	Permet de personnaliser le choix de l'orthèse en fonction de son effet sur un patient donné. Outil de comparaison par rapport à l'articulation saine. Validation de la machine de test. Il est possible que la réponse mesurée ne soit pas uniquement passive. Évaluation possible de critères subjectifs liés au confort.	Difficulté d'intégration des tests dans la démarche thérapeutique (durée trop importante) ou la conception de produits. Mise en chargement de l'articulation ne reproduisant pas une situation d'instabilité dynamique réelle.

Tableau V.4 – Place des trois outils d'évaluation dans la caractérisation mécanique des orthèses du genou.

amélioration conséquente de l'efficacité mécanique de ces dispositifs passerait par le copiage d'un tel comportement, en jouant notamment sur la sélection de textiles possédant cette caractéristique.

Dans ce sens, le modèle numérique a pu apporter des éléments de réponse sur les niveaux maximaux de stabilisation que pourraient procurer de tels produits en optimisant leur conception, tout en conservant un niveau de confort acceptable. Ainsi, il a été calculé que ces orthèses à base textile pourraient difficilement dépasser une stabilisation passive en tiroir de l'ordre de 8–10 N/mm sans engendrer de sérieux problèmes de confort, à cause de phénomènes mécaniques liés à la déformabilité des tissus mous du membre inférieur et aux glissements des interfaces. Ainsi, il semble nécessaire de se pencher sur d'autres types de design (ex : orthèses rigides articulées) pour ne plus être limité par ces faibles valeurs.

Confort

Une autre caractéristique de ce travail est l'attachement à la notion de confort, rendue nécessaire par le constat que l'observance du traitement orthopédique était diminuée par l'inconfort notoire de ces dispositifs. Même si la notion de confort est subjective, nous avons tenté de quantifier certains facteurs pouvant l'influencer, comme la pression appliquée sur la peau, l'amplitude de glissement ou encore les effets sur la déformation de la peau. Nous avons donc pu déterminer que les pressions appliquées par l'orthèse sur la peau étaient fortement liées au serrage des sangles, et qu'une optimisation de la conception et de bonnes pratiques d'ajustement pouvaient diminuer significativement les effets de compression sans forcément réduire leur efficacité mécanique. D'autre part, nous avons vu que l'amélioration du maintien de l'orthèse sur l'articulation devait passer par une modification des composants textiles afin de suivre au mieux les déformations de la peau. Il est important d'insister sur ces résultats, car il se pourrait qu'au niveau du service médical rendu, les critères de confort s'avèrent aussi importants que les critères d'efficacité.

Limites

Cette étude comporte de nombreuses limites liées aux hypothèses de travail rendues nécessaires par la complexité des phénomènes étudiés. Tout d'abord, la réduction de l'efficacité des orthèses à un indice de raideur calculé à l'état passif en quasi-statique est discutable. En effet, la littérature indique que la stabilisation de l'articulation est fortement liée à l'activation musculaire, et des études comme celle de Wojtys *et al.* (2002) montrent que l'apport des structures passives est largement inférieur à celui des structures actives, et des travaux ont également mis en évidence la capacité des orthèses à stimuler la stabilisation active (Wojtys *et al.*, 1996; Ramsey *et al.*, 2003). Il est donc fort possible que le mécanisme étudié ne soit pas prépondérant, en particulier dans des situations de sollicitations dynamiques, et *in fine* dans l'apport thérapeutique de ces dispositifs. Si cette action indirecte venait à être confirmée, le critère d'optimisation des orthèses devrait prendre en compte cet effet proprioceptif plutôt que l'effet de rigidification mécanique passive. D'autre part, les indices k sont réduits à une raideur moyenne calculée d'après une cinématique imposée, ce qui les rend simples à utiliser car une orthèse se voit dotée d'un indice par cinématique. Or, cela peut poser problème pour les orthèses présentant des courbes force–déplacement peu linéaires, ou appliquant une force non négligeable dès la position initiale (voir notamment la section I.2.b discutant des différences entre orthèses dites "passives" et "à effet anti-tiroir"). Ainsi, il semble utile de comparer à la fois les indices mais aussi les réponses globales pour caractériser les dispositifs particuliers. Enfin, les cinématiques de test sont également discutables. Bien qu'elles reproduisent les tests cliniques habituels de laxité, notamment les tests de Lachman (tiroir) et le test du varus-valgus, ces mouvements sont peu représentatifs d'une situation d'instabilité réelle, où les cinématiques sont souvent plus complexes, et diffèrent selon la pathologie. Cependant, la simplicité de ces mouvements a permis de reproduire les mêmes tests sur les différents outils d'évaluation.

Perspectives

Ce travail ouvre de nombreuses perspectives pour le développement de nouveaux produits, et de nombreuses pistes d'amélioration sont possibles.

Tout d'abord, les industriels à l'origine de ce projet disposent à présent de nombreux outils pour rationaliser la conception selon des critères mécaniques définis. Il ne tient qu'à eux de s'approprier ces outils et les recommandations formulées dans ce travail pour améliorer l'efficacité mécanique passive des orthèses du genou et leur confort, et donc potentiellement le suivi des traitements. D'autre part, la démarche de certification de ces produits devant impliquer des mesures reproductibles, le banc de test semble parfaitement adapté. Il serait d'ailleurs intéressant d'inclure des orthèses fonctionnelles du marché américain, qui semblent posséder des niveaux d'action supérieurs. Cependant, cette machine gagnerait à être améliorée au niveau du réalisme du membre inférieur artificiel afin de devenir plus qu'un simple outil de comparaison. Pour cela, on peut imaginer le développement d'un membre artificiel morphologique possédant une déformabilité similaire aux tissus mous. Comme nous avons vu que le type de morphologie a une forte influence sur les réponses mesurées, il paraît important de ne pas se limiter à un membre possédant une géométrie moyenne de la population, mais de disposer de plusieurs types de morphologies.

D'un point de vue clinique, on peut penser que si de tels tests devenaient standards, le choix d'un dispositif en rapport avec la démarche thérapeutique n'en sera que plus simple, des mesures objectives venant appuyer les recommandations des fabricants.

Dans le même sens, l'amélioration du modèle numérique pourrait passer par la modélisation de géométries patient-spécifiques. L'association d'un modèle éléments finis et d'une technique d'imagerie comme l'Imagerie par Résonance Magnétique pourrait permettre de modéliser les effets locaux des orthèses : on peut imaginer que des mesures obtenues grâce au banc d'essai pourraient servir de conditions limites à un modèle numérique plus fin comportant les différentes structures internes permettant de simuler la capacité des orthèses testées à réduire les contraintes dans un ligament ou à décharger un compartiment dans le cas d'une gonarthrose.

Se pencher sur la caractérisation des effets des orthèses sur la stabilisation active semble être une entreprise particulièrement ardue, car ce mécanisme implique une sollicitation mécanique (pressions) venant induire une stimulation neurologique, qui à son tour provoque la contraction des muscles et donc la stabilisation mécanique de l'articulation. Ces problématiques très complexes sont donc à la frontière entre les neurosciences et la biomécanique. Ainsi, à défaut de pouvoir comprendre et modéliser ces phénomènes, une démarche d'évaluation rigoureuse des orthèses du genou ne pourra se passer de mesures cliniques sous peine de voir ce mécanisme injustement ignoré.

Enfin, les mesures obtenues dans ce travail peuvent enrichir les modélisations musculo-squelettiques visant à analyser la biomécanique du mouvement. Nombre de ces travaux s'attachent à décrire la modification des cinématiques du mouvement causée par des troubles musculo-squelettiques. Disposer de la matrice de raideur globale d'une orthèse (liant les forces et moments externes aux déplacements et rotations de l'articulation) permettrait de simuler l'effet de son port sur les mouvements d'une personne. On peut également imaginer la démarche inverse, c'est-à-dire le calcul d'une matrice de raideur pouvant restaurer la démarche d'un patient en particulier, et la conception d'une orthèse personnalisée correspondant à cette matrice de raideur à l'aide de la machine de test ou d'un modèle numérique par éléments finis patient-spécifique.

Cette thèse n'est donc pas une fin en soi, et pose probablement plus de questions sur ces dispositifs qu'elle n'apporte de réponses, mais il semble que cette situation soit caractéristique d'un travail de ce type (Might, 2013).

Cette thèse CIFRE a été financée par les entreprises Gibaud®, Lohmann & Rauscher® et Thuasne®, ainsi que par l'Association Nationale de la Recherche et de la Technologie (ANRT).

Bibliographie

M. MIGHT : The illustrated guide to a Ph.D. URL http://matt.might.net/articles/phd-school-in-pictures/. 2013.

D. K. RAMSEY, P. F. WRETENBERG, M. LAMONTAGNE et G. NÉMETH : Electromyographic and biomechanic analysis of anterior cruciate ligament deficiency and functional knee bracing. *Clinical Biomechanics*, 18(1):28–34, jan. 2003.

E. M. WOJTYS, J. A. ASHTON-MILLER et L. J. HUSTON : A gender-related difference in the contribution of the knee musculature to sagittal-plane shear stiffness in subjects with similar knee laxity. *The Journal of bone and joint surgery. American volume*, 84-A(1):10–16, jan. 2002.

E. M. WOJTYS, S. U. KOTHARI et L. J. HUSTON : Anterior cruciate ligament functional brace use in sports. *The American Journal of Sports Medicine*, 24(4):539–546, juil. 1996.

Annexes

ANNEXE A
Caractérisation mécanique des textiles

Cette annexe présente les principaux résultats de caractérisation mécanique des textiles de différentes orthèses.

A.1 Comportement mécanique

En prenant comme hypothèse un matériau élastique linéaire de type coque, on peut établir une relation entre d'une part les tensions linéiques N_{ij} et les moments de flexion M_{ij} et d'autre part les déformations dans le plan ε_{ij} et les courbures κ_{ij} :

$$\begin{pmatrix} N_{11} \\ N_{22} \\ N_{12} \\ \hline M_{11} \\ M_{22} \\ M_{12} \end{pmatrix} = \begin{pmatrix} \frac{E_1}{1-\nu_{12}\nu_{21}} & \frac{\nu_{21}E_1}{1-\nu_{12}\nu_{21}} & 0 & 0 & 0 & 0 \\ sym. & \frac{E_2}{1-\nu_{12}\nu_{21}} & 0 & 0 & 0 & 0 \\ sym. & sym. & G_{12} & 0 & 0 & 0 \\ \hline sym. & sym. & sym. & F_1 & \mu_2 F_1 & 0 \\ sym. & sym. & sym. & sym. & F_2 & 0 \\ sym. & sym. & sym. & sym. & sym. & \tau_{12} \end{pmatrix} \begin{pmatrix} \varepsilon_{11} \\ \varepsilon_{22} \\ 2\varepsilon_{12} \\ \hline \kappa_{11} \\ \kappa_{22} \\ 2\kappa_{12} \end{pmatrix} \quad (A.1)$$

Comme on considère qu'une sollicitation dans le plan ne provoque pas de courbure du matériau, les termes liant les tensions linéiques N_{ij} et les courbures κ_{ij} sont nuls. On peut donc séparer cette relation en deux, la partie bleue décrivant le comportement dans le plan et la partie rouge le comportement hors-plan.

Ainsi, en supposant que le matériaux est orthotrope, les paramètres suivants peuvent être identifiés par des tests de traction :

- les modules d'élasticité linéique E_1, E_2 et le module de cisaillement G_{12} ;
- les coefficients de Poisson ν_{12} et ν_{21} (qui sont en fait liés par la relation $\nu_{12}E_2 = \nu_{21}E_1$).

De même, les paramètres suivants peuvent être identifiés par tests de flexion :

- les modules de flexion F_1, F_2 et le module de torsion τ_{12} ;

- un terme équivalent à un coefficient de Poisson μ_2.

Le terme μ_2 est relativement compliqué à mesurer expérimentalement ; on peut raisonnablement penser qu'il est quasiment nul pour les textiles (une flexion selon une direction ne provoque pas de flexion dans l'autre direction). Ainsi, il sera considéré comme nul dorénavant. Pour la même raison, τ_{12} sera calculé d'après F_1 et F_2 par la relation $\tau_{12} = (F_1 + F_2)/4$ (par analogie au calcul du module de cisaillement d'un matériau isotrope).

La direction 1 sera considérée comme la direction longitudinale du cylindre de l'orthèse, et la direction 2 comme la direction circonférentielle. Les échantillons de textile ont donc été découpés en conséquent.

A.2 Échantillons

Les textiles testés consistaient en deux tissus, un tricot et un textile de sangle de type feutre. Ils étaient composés de fibres synthétiques, en majorité de polyester et de viscose, avec une faible part d'élasthanne. Le feutre de la sangle ne possédait pas d'orientation particulière, nous avons donc caractérisé uniquement un module d'élasticité, un coefficient de Poisson et un module de flexion pour ce textile.

A.3 Tests de traction

L'inversion de la partie bleue de l'équation A.1 donne :

$$\begin{pmatrix} \varepsilon_{11} \\ \varepsilon_{22} \\ 2\varepsilon_{12} \end{pmatrix} = \begin{pmatrix} \frac{1}{E_1} & \frac{-\nu_{12}}{E_1} & 0 \\ sym. & \frac{1}{E_2} & 0 \\ sym. & sym. & \frac{1}{G_{12}} \end{pmatrix} \begin{pmatrix} N_{11} \\ N_{22} \\ N_{12} \end{pmatrix} \qquad (A.2)$$

En considérant qu'une traction uniaxiale dans la direction 1 induit une déformation ε_{11} homogène dans l'échantillon, on peut déterminer le module E_1 en mesurant simultanément la tension linéique appliquée N_{11} et la déformation (pente de la courbe N_{11} en fonction de ε_{11}). On utilisera comme mesure de ε_{11} la déformation vraie donnée par $\varepsilon = \log(l/L)$ (l étant la longueur courante de l'échantillon et L sa longueur initiale), et comme mesure de N_{11} la tension linéique vraie donnée par F/d (F étant la force de traction et d la largeur courante de l'échantillon). Simultanément, on peut mesurer ε_{22} et en déduire le coefficient de Poisson ν_{12}.

Un test de traction selon la direction 2 permet de déterminer E_2.

Finalement, un test de traction selon une direction intermédiaire ($\sim 45°$) donne le module G_{12} d'après la formule donnée par Morozov et Vasiliev (2003) :

$$G_{12} = \frac{\sin^2\phi\cos^2\phi}{\frac{1}{E_x} - \frac{\cos^4\phi}{E_1} - \frac{\sin^4\phi}{E_2} + (\frac{\nu_{21}}{E_1} + \frac{\nu_{12}}{E_2})\sin^2\phi\cos^2\phi} \qquad (A.3)$$

où E_x est le module déterminé lors d'un test de traction hors-axe, et ϕ l'angle entre la direction 1 et la direction du test.

Les tests de traction ont été réalisés sur une machine Instron® à une vitesse de 50 mm/min (reprenant une vitesse de déformation proche de celle que subirait une orthèse lors de la marche) sur des échantillons de 40×20 mm (afin d'avoir au moins 10 mailles dans la largeur). Nous avons remarqué que ces textiles étaient particulièrement visco-élastiques, mais que leur comportement se stabilisait après quelques cycles de traction. Ainsi, le module retenu est celui du 5e cycle. D'autre part, les pieds de courbe correspondant à la zone précédant la mise en tension de l'échantillon ont été supprimés. Le domaine de régression choisi va de 0 à 30% de déformation, car les textiles avaient un comportement plutôt linéaire dans cette zone, et que les déformations simulées numériquement lors d'une flexion ne dépassaient généralement pas cette valeur. En parallèle, des photographies ont été prises lors des tests et ont permis de mesurer les déformations dans la direction transverse à la traction par traitement d'image.

Des tests préliminaires ont mis en évidence la très bonne répétabilité des mesures (écart-type relatif sur les modules de l'ordre de 1%). Ainsi, un essai par textile nous a semblé suffire.

A.4 Tests de flexion

D'après les hypothèses formulées, nous avons les deux relations suivantes en flexion :

$$\begin{cases} M_1 = F_1 \kappa_{11} \\ M_2 = F_2 \kappa_{22} \end{cases} \qquad (A.4)$$

Un dispositif de test KES-F (Kawabata Evaluation System for Fabrics) décrit dans la section I.3.a a été utilisé pour mesurer simultanément le rayon de courbure et le moment de flexion sur des échantillons de 100×10 mm. La déformation se fait à vitesse constante de $0.5\,\text{cm}^{-1}/\text{s}$. Comme pour les essais de traction, quelques cycles sont effectués avant les mesures.

A.5 Résultats

Les courbes de la tension linéique en fonction de la déformation pour les trois directions (longitudinale, circonférentielle et hors-axe) pour les 4 textiles sont reportées sur les figures A.2, A.3, A.4 et A.5. Les coefficients de régression linéaire donnent les modules d'élasticité respectifs, et le coefficient de détermination R^2 permet de juger de la linéarité des réponses. Y figure également la courbe de détermination du coefficient de Poisson. Ce dernier est calculé comme l'opposé du coefficient de régression linéaire.

Enfin, les deux dernières courbes donnent les réponses en flexion. Comme nous avons constaté un fort hystérésis, deux modules sont mesurés, un lors de la déformation positive et un lors de la déformation négative (les deux coefficients des régressions linéaires). La moyenne donne alors le module de flexion final.

Pour plus de rigueur, il aurait été intéressant d'étudier la dépendance des résultats à la taille des échantillons, ainsi qu'à la vitesse de déformation.

A.6 Synthèse des propriétés caractérisées

Le tableau suivant donne les propriétés caractérisées pour les 4 textiles.

Propriété	Tricot	Tissu #1	Tissu #2	Sangle
E_1 (N/m)	870	520	740	26.4×10^3
E_2 (N/m)	630	540	830	26.4×10^3
G_{12} (N/m)	410	250	340	8.0×10^3
ν_{12}	0.08	-0.13	-0.23	0.66
F_1 (N m)	2.2×10^{-4}	7.9×10^{-5}	1.1×10^{-4}	9.6×10^{-4}
F_2 (N m)	1.1×10^{-4}	1.2×10^{-4}	2.8×10^{-4}	9.6×10^{-4}
τ_{12} (N m)	0.83×10^{-4}	0.50×10^{-4}	1.0×10^{-4}	4.8×10^{-4}
μ_2	0	0	0	0

Tableau A.1 – Synthèse des propriétés mécaniques caractérisées pour les différents textiles.

On peut remarquer que les propriétés sont assez homogènes entre les textiles, sauf la sangle qui est considérablement plus rigide. Les modules dans les deux directions de caractérisation sont également peu différents, même si on peut constater des dissimilitudes sur les allures des courbes de traction. Enfin, il est intéressant de noter que les deux tissus ont des coefficients de Poisson négatifs, ce qui se traduisait par une expansion latérale lors de la traction. Ce comportement est peu courant, et peut avoir une légère influence sur le confort des orthèses (effet de "déserrage" de l'orthèse autour du membre inférieur lors de la mise en tension longitudinale, lors d'une flexion par exemple).

A.7 Validation par une comparaison numérique-expérimentale

Un projet impliquant des étudiants de l'école a permis de valider en partie le comportement du textile par des tests de drapage actif. Le principe était le suivant :

- Mise en place d'un essai expérimental de drapage d'échantillons de textile sur une boule.
- Mesure de différents paramètres géométriques de la forme finale.
- Construction d'un modèle éléments finis sous Abaqus® afin de modéliser l'essai de drapage.

ANNEXE A. CARACTÉRISATION MÉCANIQUE DES TEXTILES

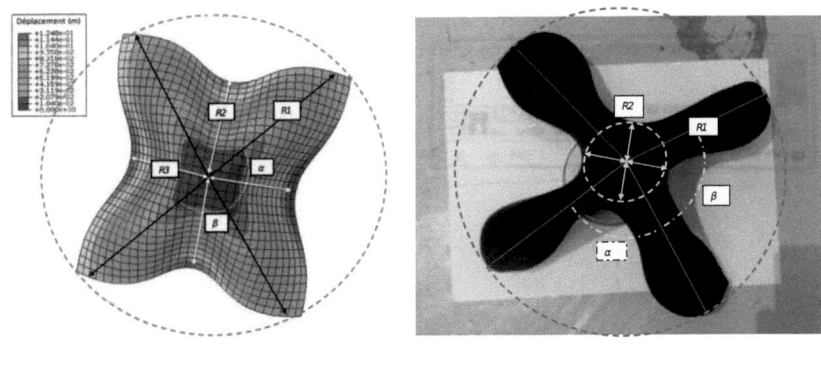

(a) Simulation numérique.   (b) Essai expérimental.

Figure A.1 – Aperçu de la démarche de validation du comportement du textile par essai de drapage, montrant les différents indicateurs de comparaison géométrique pour la simulation par éléments finis et le test expérimental.

- Implémentation des propriétés mécaniques caractérisées par les méthodes décrites dans cette annexe dans le modèle éléments finis.
- Comparaison des valeurs des paramètres géométriques obtenus lors des essais numériques et expérimentaux.
- Exploitation plus poussées du modèle : étude paramétrique de l'effet des différents paramètres mécaniques.

Un exemple de comparaison est montré sur la figure A.1.

Cette étude a permis de déterminer les points suivants :

- Les effets de dissipation d'énergie par frottement entre les fibres du textile rendent ce dernier particulièrement délicat à modéliser ; les formes obtenues expérimentalement à la fin du drapage ne correspondent pas forcément à l'équilibre mécanique obtenu par la simulation numérique (minimum global d'énergie interne), car la dissipation d'énergie bloque le textile dans une géométrie correspondant à un minimum d'énergie local.
- Les formes obtenues expérimentalement et numériquement sont similaires (même nombre de plis), mais les valeurs des indicateurs géométriques diffèrent assez fortement.
- F_1 et F_2 sont les paramètres qui influent le plus sur la forme finale pour ces essais.

Au final, modéliser les textiles avec ce type de comportement mécanique permet d'obtenir des approximations correctes avec un temps de calcul raisonnable. Cependant, un comportement prenant en compte la non-linéarité, la visco-élasticité, la dissipation d'énergie et le phénomène de blocage en cisaillement pourrait permettre d'obtenir des résultats plus réalistes, notamment

A.7 Validation par une comparaison numérique-expérimentale

pour les sollicitations impliquant de grandes amplitudes (voir la validation en flexion dans le chapitre III).

ANNEXE A. CARACTÉRISATION MÉCANIQUE DES TEXTILES

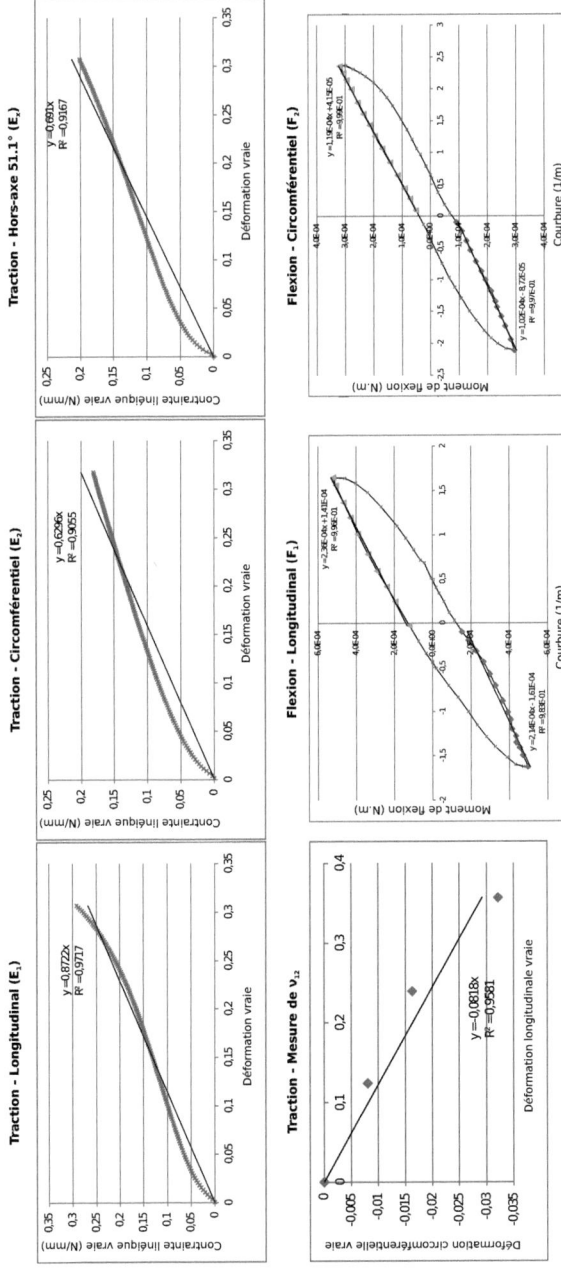

Figure A.2 – Caractérisation mécanique du tricot dans le plan et en flexion.

171

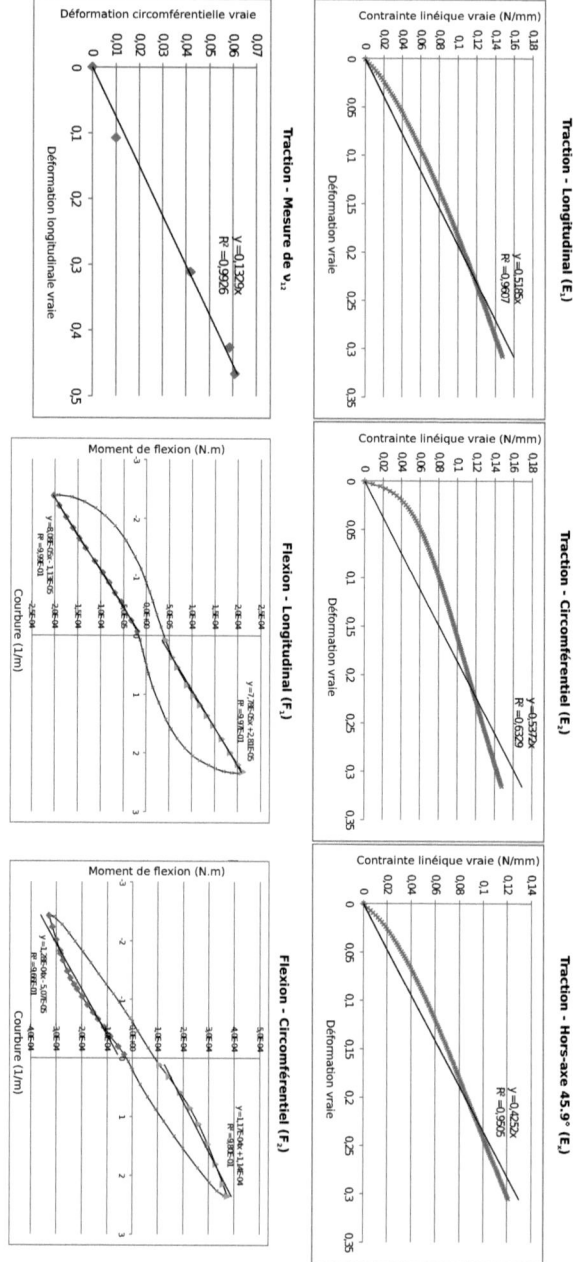

Figure A.3 – Caractérisation mécanique du tissu #1 dans le plan et en flexion.

172

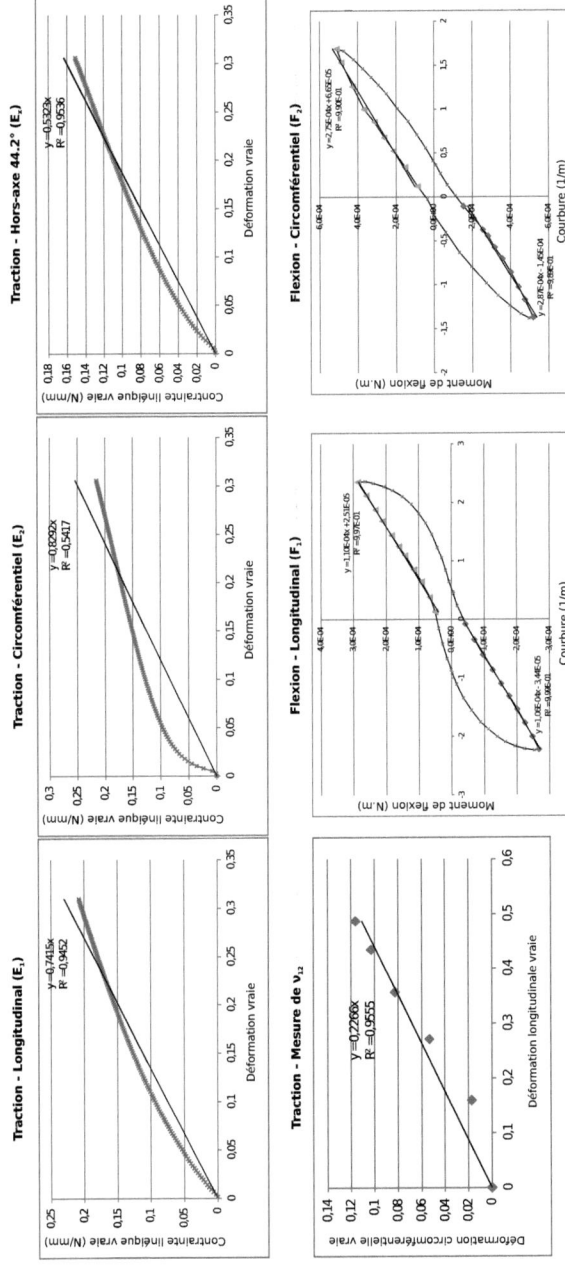

Figure A.4 – Caractérisation mécanique du tissu #2 dans le plan et en flexion.

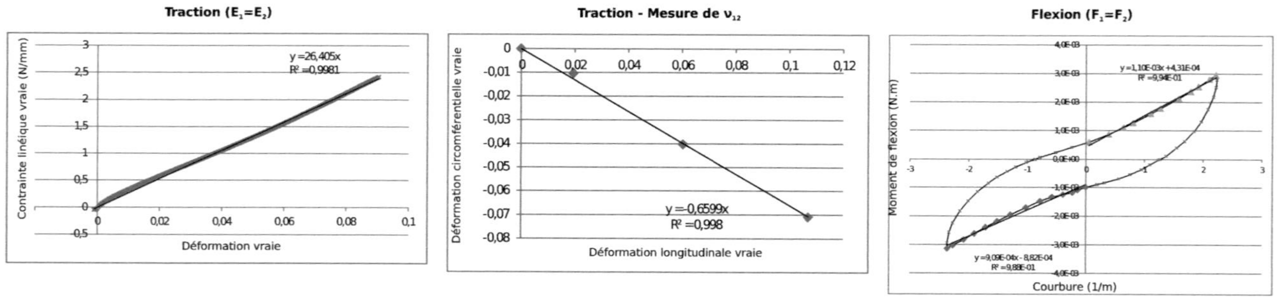

Figure A.5 – Caractérisation mécanique du textile de la sangle dans le plan et en flexion. Ce textile n'ayant pas d'orientation particulière, il a été caractérisé comme isotrope ($E_1 = E_2$, $G_{12} = \frac{E_1}{2(1+\nu_{12})}$, $F_1 = F_2$).

ANNEXE B
Avis favorable du comité d'éthique du CHU de Saint-Etienne

Un protocole a été soumis au comité d'éthique du Centre Hospitalier Universitaire de Saint-Etienne pour autoriser les mesures de laximétrie avec orthèses et l'évaluation des critères subjectifs de stabilisation et de confort, en plus des mesures habituelles sur genou sain et pathologique, pour les patients pris en charge dans le service de chirurgie orthopédique acceptant de participer à l'étude.

Le comité d'éthique a donné un avis favorable à ce protocole le 14 janvier 2013.

La notice d'information patient, la lettre de consentement de participation et l'avis favorable donné par le comité sont présentés dans les 4 pages suivantes.

EVALUATION DE L'INDICATION D'UNE ORTHESE DANS L'INSTABILITE DU GENOU

NOTICE D'INFORMATION POUR LE PATIENT

Madame, Monsieur,

Vous présentez actuellement une instabilité du genou aiguë ou chronique. Cette instabilité vient d'une blessure antérieure. Cependant, vous êtes capable de marcher, avec ou sans aide technique (genouillère ou canne). Votre condition suite à la consultation implique un examen appelé « test de laximétrie » afin de juger objectivement du niveau d'instabilité. Ce test est réalisé avec un appareil qui réalise au niveau du mollet une « poussée » tout en maintenant la cuisse fixe, alors que vous êtes allongé ; on mesure le déplacement du tibia engendré par la poussée appliquée et on peut en déduire le niveau d'instabilité. Cette instabilité peut être en partie corrigée par le port d'une genouillère. Cependant, le niveau de stabilisation de ces genouillères n'est pas encore bien codifié et il n'existe pas de critère objectif permettant de les différencier et les classer.

C'est pourquoi en réalisant un test de laximétrie comparatif avec/sans genouillère, nous pouvons apporter un critère objectif de stabilisation et mieux prévoir la prescription de la genouillère qui vous est nécessaire.

Nous vous proposons ainsi de réaliser cette étude avec :
- un premier test sur genou sain qui permet d'avoir une courbe « référence »
- un second test sur genou instable qui va établir une courbe « pathologique »
- un troisième test sur genou instable avec genouillère qui va donner une courbe « genou soigné ».

La comparaison entre la courbe « référence » et la courbe « genou soigné » permet de juger de l'effet de la genouillère et de voir si elle permet de compenser l'instabilité. Cela donne un premier critère dit « critère de stabilisation ». A des fins d'efficacité personnelle et comparative, trois genouillères différentes seront évaluées.

Deux autres critères secondaires sont aussi évalués : la sensation subjective de stabilisation et la sensation de confort que vous ressentez lors de mouvements donnés. L'évaluation de ces critères lors de cette étude proposée à 30 patients présentant une instabilité du genou doit permettre de mieux expertiser les genouillères afin d'améliorer la prise en charge des patients.

Le déroulement de l'étude est le suivant. Après que vous soit proposé par le médecin ou le chirurgien une participation à cette étude dans la mesure où votre état justifie ce type de prise en charge (rééducation et port de genouillère), une nouvelle visite dite d'inclusion aura lieu 15 jours suivant la date de proposition de participation et sera effectuée par un médecin qui effectuera l'examen médical habituel standardisé. Le même jour seront effectués les tests de laximétrie par une kinésithérapeute expérimentée à cette pratique. Il sera effectué les tests sans genouillère sur genou sain et genou instable qui font partie de la procédure habituelle, puis les tests supplémentaires en utilisant au total 4 genouillères différentes. Vous devrez tirer au sort l'ordre de passage des genouillères. Entre chaque mesure, il vous sera demandé d'effectuer quelques mouvements (marche, appui sur une jambe, accroupissement) et de juger de la sensation de stabilisation et de confort des différentes genouillères. Des temps de repos seront prévus entre les tests. L'unique contrainte de cette étude est donc un temps d'examen plus long, estimé à 1h45 au lieu de 30mn, soit une prise de temps de 1h15. Enfin, lors de la prochaine visite avec le médecin (visite habituelle), on vous demandera une évaluation subjective du bénéfice et de la tolérance au port de la genouillère.

Vous pourrez à tout moment choisir d'arrêter la participation à cette étude. En cas d'arrêt avant les tests de laximétrie, la procédure de prise en charge classique sera appliquée, c'est-à-dire des tests sur genou sain et lésé uniquement. Si l'arrêt intervient après les tests, les données collectées ne seront pas exploitées pour l'étude. A la fin de l'étude, une information vous sera transmise sur les résultats globaux de la recherche.

Cette étude vous permettra d'avoir un bilan complet et objectif de votre instabilité et de fournir des indications objectives sur la genouillère vous procurant une stabilisation maximale. Le seul risque possible (mais extrêmement rarissime) est celui d'une chute. Cependant, tous les tests seront réalisés en présence d'un médecin et d'expérimentateurs susceptibles d'aider et de prendre immédiatement en charge les sujets en cas de besoin. Par ailleurs, aucun des tests n'est douloureux ni source de complication, et en aucun cas invasif. Vous serez inscrit, durant 1 an, dans le fichier national des personnes qui se prêtent aux recherches biomédicales prévu à l'article L.1121-16 du Code de la Santé Publique. Vous avez la possibilité de vérifier auprès du ministre chargé de la santé l'exactitude des données vous concernant présentes dans ce fichier et la destruction de ces données au terme du délai prévu par le Code de la Santé Publique. Vous ne pourrez pas participer simultanément à une autre recherche

Vous disposez d'un délai de réflexion de 15 jours avant de donner votre réponse quant à la participation à cette recherche. Lors des différentes visites prévues dans le cadre de cette étude, vous pourrez être accompagné de la personne de confiance que vous aurez désignée et, à la fin de cette recherche, les résultats globaux vous seront adressés par courrier. Vos résultats personnels vous seront communiqués dans le cadre du suivi habituel et des consultations.

Dans le cadre de la recherche biomédicale à laquelle le CHU de Saint-Etienne vous propose de participer, un traitement de vos données personnelles va être mis en œuvre pour permettre d'analyser les résultats de la recherche au regard de l'objectif de cette dernière qui vous a été présenté. A cette fin, les données médicales vous concernant et les données relatives à vos habitudes de vie seront transmises au promoteur de la recherche ou aux personnes agissant pour son compte, en France ou à l'étranger. Ces données seront identifiées par un numéro de code et vos initiales. Ces données pourront également, dans des conditions assurant leur confidentialité, être transmises aux autorités de santé françaises ou étrangères, à d'autres entités du CHU de Saint-Etienne.

Conformément aux dispositions de loi relatives à l'informatique aux fichiers et aux libertés, vous disposez d'un droit d'accès et de rectification. Vous disposez également d'un droit d'opposition à la transmission des données couvertes par le secret professionnel susceptibles d'être utilisées dans le cadre de cette recherche et d'être traitées. Vous pouvez également accéder directement ou par l'intermédiaire d'un médecin de votre choix à l'ensemble de vos données médicales en application des dispositions de l'article L1111-7 du Code de la Santé Publique. Ces droits s'exercent auprès du médecin qui vous suit dans le cadre de la recherche et qui connaît votre identité.

Vous êtes libre de refuser ou d'interrompre votre participation à cette étude à tout moment sans encourir aucune responsabilité ni aucun préjudice de ce fait et sans avoir à vous justifier. Cela n'altérera pas la qualité des soins qui vous seront prodigués et ne modifiera pas vos relations avec l'ensemble de l'équipe soignante. En cas d'interruption de l'étude, les informations vous concernant seront conservées sauf opposition de votre part.

Cette étude a reçu l'accord du Comité d'Ethique de Saint-Etienne le 14 janvier 2013.

EVALUATION DE L'INDICATION D'UNE ORTHESE DANS L'INSTABILITE DU GENOU

CONSENTEMENT DE PARTICIPATION DU PATIENT

Madame, Monsieur (Nom, Prénom)..
Né(e) le ..../...../19.....
Adresse ....

Le Docteur .... m'a proposé de participer à une recherche organisée par le CHU de Saint-Etienne sur l'évaluation de l'indication d'une orthèse dans l'instabilité du genou.
Il m'a précisé que je suis libre d'accepter ou de refuser. Cela ne changera pas nos relations pour mon traitement.
J'ai reçu et j'ai bien compris les informations suivantes :
- Le but de cette recherche est d'évaluer l'efficacité de différentes genouillères à limiter une instabilité postéro-antérieure du genou grâce à un appareil de mesure afin d'établir un classement objectif de ces dispositifs.
- La contrainte principale de cette étude est un temps d'examen plus important (environ 1h45 au lieu de 30mn) dû à un plus grand nombre de tests de laximétrie et de l'évaluation subjective du dispositif, le reste du protocole rentrant dans le cadre d'un suivi habituel pour cette pathologie.
- Je recevrai une indemnisation d'une valeur de 50 euros pour la participation à l'intégralité de l'étude.

J'accepte de participer à cette recherche dans les conditions précisées dans la notice d'information.

Mon consentement ne décharge pas les organisateurs de la recherche de leurs responsabilités. Je conserve tous mes droits garantis par la loi. Si je le désire, je serai libre à tout moment d'arrêter ma participation. J'en informerai alors le Docteur . ...
J'accepte que les données enregistrées à l'occasion de cette recherche puissent faire l'objet d'un traitement automatisé par le promoteur pour son compte. J'ai bien noté que le droit d'accès prévu par la loi du 6 janvier 1978 relative à l'informatique, aux fichiers et aux libertés (article 39) s'exerce à tout moment auprès du médecin qui me suit dans le cadre de la recherche et qui connaît mon identité. Je pourrai exercer mon droit de rectification et d'opposition auprès de ce même médecin qui contactera le promoteur de la recherche.

Je pourrai à tout moment demander toutes informations complémentaires au Dr .... en appelant le ....

Fait à ...., le ....../....../20... , en deux exemplaires dont un est remis à l'intéressé(e)

Nom du médecin   Nom et prénom du patient

....

Signature du médecin   Signature du patient précédée de la mention « Lu et approuvé »

Dr Philippe RUSCH
Président du Comité d'Ethique du CHU de Saint-Etienne
SLAT, CHU, 8 Rue Bossuet, 42055 Saint-Etienne Cedex 2
Téléphone 04 77 12 77 73
Télécopie 04 77 12 03 92
Philippe.rusch@chu-st-etienne.fr

Institutional Review Board Information
IORG0007394

Saint-Etienne, le 14 janvier 2013

Objet :
Avis rendu par le Comité d'éthique

Cher Monsieur,

J'ai le plaisir de vous informer que dans sa séance du 10 janvier 2013, le Comité d'Ethique du CHU de Saint-Etienne a donné un avis unanimement favorable à votre étude : « *Evaluation de l'indication d'une orthèse dans l'instabilité du genou* »

Très cordialement.

Dr Philippe RUSCH
Président

ANNEXE C

Liste des Produits et Prestations Remboursables

Voici ce que contient la LPPR (version 09/11/2010) sur les attelles et orthèses de série pour appareillage du genou :

Appareil non articulé

C'est une orthèse de série non articulée destinée au maintien en extension de l'articulation du genou. Elle est faite dans un matériau ne comportant pas d'éléments réputés allergiques. Elle comporte un système amovible ou non qui assure la rigidité de l'ensemble et, si besoin, des systèmes d'accrochage maintenant fixée l'attelle au membre. Elle est lavable. Elle est livrée en plusieurs tailles qui permettent son adaptation du petit enfant à l'adulte.

Appareil articulé

La prise en charge peut être accordée après traitement chirurgical et pour le traitement orthopédique des lésions du genou. Cette orthèse à articulation mono ou polycentrique, avec ou sans secteur de mobilité articulaire réglable, est adaptable à la morphologie du sujet et à l'évolution de sa pathologie. Le système d'accrochage assure un bon maintien de l'orthèse sur le membre. Elle est faite dans des matériaux ne comportant pas d'éléments réputés allergiques. Elle est résistante aux sollicitations du membre inférieur. Elle n'est pas traumatisante.

Code	Nomenclature	Tarif en euros
	Attelle et orthèse de série pour appareillage du genou	
2124338 201G00.221	Correction orthopédique, genou, attelle et orthèse non articulée	57,23
2152211 201G00.222	Correction orthopédique, Attelle et orthèse de genou articulée	102,29

Figure C.1 – Tarifs de remboursement en cours pour les orthèses du genou dans la LPPR.

École Nationale Supérieure des Mines
de Saint-Étienne

NNT: *Communiqué le jour de la soutenance*

Baptiste PIERRAT

Dissertation title: Biomechanical effects of knee orthoses: experimental characterization and modelling.

Speciality: Mechanics and Engineering

Keywords: knee braces, knee orthoses, finite element, evaluation, comfort, biomechanical efficiency, clinical study.

Abstract:

The knee joint is vulnerable to various injuries and degenerative conditions, potentially leading to functional instability. Usual treatments involve knee orthoses, which are medical devices aimed at supporting, aligning or immobilizing the joint. However, the evaluation of these devices still lacks standardisation despite high prescription and demand.

In relation with clinicians and manufacturers, different tools were developed to assess their biomechanical efficiency. Firstly, a finite element analysis (FEA) of a braced lower limb was used to investigate the effects of brace design on its ability to prevent a pathological motion and understand the force transfer mechanisms of bracing. This model provided a basis to validate an experimental surrogate lower limb with the aim of providing an innovation and certification tool for manufacturers. Different categories of orthoses were tested and ranked against efficiency indexes. In an attempt to apprehend comfort issues, full-field measurements of brace migration and FEA of contact pressures were performed. Finally, their *in vivo* actions were measured on ACL-deficient patients using a laxity testing device.

Results highlight the importance of brace technical characteristics and patient-specificity on characterized levels of action and on comfort. Furthermore, some key design factors allowed to target devices to particular pathologies. However, when compared to in-vivo passive stabilizing structures (ligaments), knee braces efficiently compensated externally for a deficiency only for low load conditions. Nevertheless, these devices may also have a substantial effect on active stabilizing mechanisms such as neuro-muscular control.

These tools were found to be complementary and may hopefully pave the way to a standardised procedure for evaluating knee orthoses and developing new designs.

École Nationale Supérieure des Mines
de Saint-Étienne

NNT : *Communiqué le jour de la soutenance*

Baptiste PIERRAT

Titre de la thèse : Caractérisation et modélisation des actions mécaniques des orthèses du genou.

Spécialité: Mécanique et Ingénierie

Mots clefs : genouillères, orthèses du genou, éléments finis, évaluation, confort, efficacité biomécanique, étude clinique.

Résumé :

L'articulation du genou est sujette à de nombreuses pathologies pouvant entraîner une instabilité fonctionnelle. Les démarches thérapeutiques incluent communément le port d'orthèses du genou, dans le but de stabiliser ou limiter les mouvements articulaires. Malgré une forte prescription, l'évaluation de ces dispositifs manque encore de standardisation.

En lien avec des médecins et des industriels, différents outils ont été développés pour évaluer leur efficacité biomécanique. Un modèle éléments finis (EF) d'un membre inférieur appareillé a permis d'étudier l'effet de divers paramètres de conception d'une genouillère sur les pressions exercées et sur sa capacité à empêcher un mouvement pathologique, ainsi que de comprendre les mécanismes de transfert de force. Ce modèle a servi à valider un banc de test pouvant contribuer à l'innovation et la certification, et sur lequel différentes catégories d'orthèses ont été testées. Afin d'appréhender les problèmes de confort, le glissement des orthèses sur la peau a été caractérisé par des mesures de champ. Enfin, leurs actions *in vivo* ont été mesurées à l'aide d'un arthromètre sur des patients présentant une laxité antérieure.

Les résultats mettent en évidence l'importance des caractéristiques techniques des orthèses ainsi que la spécificité du patient sur leurs effets mécaniques. Ainsi, il est possible de cibler des pathologies particulières en jouant sur certains facteurs. Cependant, comparées aux structures de stabilisation passive (ligaments), les orthèses s'avèrent ne pouvoir jouer un rôle qu'exclusivement dans des conditions de faibles sollicitations mécaniques. Néanmoins, leurs effets actifs et proprioceptifs (contrôle neuro-musculaire) seraient également à considérer.

Ces outils s'avèrent complémentaires ; ils ouvrent la voie à des démarches d'évaluation standardisées et pourront également aider au développement de nouveaux produits.

Oui, je veux morebooks!

i want morebooks!

Buy your books fast and straightforward online - at one of world's fastest growing online book stores! Environmentally sound due to Print-on-Demand technologies.

Buy your books online at
www.get-morebooks.com

Achetez vos livres en ligne, vite et bien, sur l'une des librairies en ligne les plus performantes au monde!
En protégeant nos ressources et notre environnement grâce à l'impression à la demande.

La librairie en ligne pour acheter plus vite
www.morebooks.fr

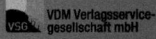 VDM Verlagsservicegesellschaft mbH
Heinrich-Böcking-Str. 6-8   Telefon: +49 681 3720 174   info@vdm-vsg.de
D - 66121 Saarbrücken   Telefax: +49 681 3720 1749   www.vdm-vsg.de

Printed by Books on Demand GmbH, Norderstedt / Germany